# 给忙碌青少年讲人类起源

## 700万年人类进化简史

[英]《新科学家》杂志 编著

罗妍莉 译

天津出版传媒集团

天津科学技术出版社

著作权合同登记号：图字 02-2020-387

## 图书在版编目（CIP）数据

给忙碌青少年讲人类起源：700万年人类进化简史 /
英国《新科学家》杂志编著；罗妍莉译. -- 天津：天
津科学技术出版社，2021.5
　　书名原文：Human Origins
　　ISBN 978-7-5576-8973-5

　Ⅰ.①给… Ⅱ.①英… ②罗… Ⅲ.①人类起源－青
少年读物 Ⅳ.①Q981.1-49

中国版本图书馆CIP数据核字(2021)第062793号

给忙碌青少年讲人类起源：700万年人类进化简史
GEI MANGLU QINGSHAONIAN JIANG RENLEI QIYUAN:
700 WANNIAN RENLEI JINHUA JIANSHI

选题策划：联合天际
责任编辑：布亚楠

出　　版：天津出版传媒集团
　　　　　天津科学技术出版社
地　　址：天津市西康路35号
邮　　编：300051
电　　话：（022）23332695
网　　址：www.tjkjcbs.com.cn
发　　行：未读（天津）文化传媒有限公司
印　　刷：三河市冀华印务有限公司

开本 710×1000　1/16　印张 14　字数 175 000
2021年5月第1版第1次印刷
定价：58.00元

关注未读好书

未读 CLUB
会员服务平台

# 系列介绍

　　关于有些主题，我们每个人都希望了解更多，对此，《新科学家》(*New Scientist*) 的这一系列书籍能给我们以启发和引导，这些主题具有挑战性，涉及探究性思维，为我们打开深入理解周围世界的大门。好奇的读者想知道事物的运作方式和原因，毫无疑问，这系列书籍将是很好的切入点，既有权威性，又浅显易懂。请大家关注本系列中的其他书籍：

《给忙碌青少年讲太空漫游：从太阳中心到未知边缘》

《给忙碌青少年讲人工智能：会思考的机器和 AI 时代》

《给忙碌青少年讲生命进化：从达尔文进化论到当代基因科学》

《给忙碌青少年讲脑科学：破解人类意识之谜》

《给忙碌青少年讲粒子物理：揭开万物存在的奥秘》

《给忙碌青少年讲地球科学：重新认识生命家园》

《给忙碌青少年讲数学之美：发现数字与生活的神奇关联》

# 撰稿人

系列编辑：艾莉森·乔治，来自《新科学家》。

编辑：迈克尔·马歇尔，英国德文郡自由科学记者。

"即时专家"系列编辑：杰里米·韦伯，来自《新科学家》。

# 特约撰稿人

贾斯汀·L.巴雷特是一位心理学教授，著有《天生信徒：儿童宗教信仰的科学》（2012年）一书。他撰写了第7章里我们的祖先对宗教思想的接受能力这部分内容。

迈克尔·巴瓦亚是《美国考古学》杂志的编辑，生活在新墨西哥州的阿尔伯克基，他撰写了第6章中关于人类向美洲迁徙的内容。

戴维·比甘是加拿大多伦多大学的人类学教授。他是《真正的人猿星球》（2015年）一书的作者，在本书中撰写了第1章中欧洲类人猿的开端。

阿兰·洛伦萨扬是加拿大温哥华不列颠哥伦比亚大学的心理学教授，著有《大神：宗教如何改变合作与冲突》（2013年）一书。在第7章中，他探讨了宗教在社会发展中的作用。

马克·佩格尔，英国雷丁大学进化生物学教授，英国皇家学会会员，《文化生成：人类社会思维的起源》（2012年）一书的作者。在第8章中，他描述了为什么教学对于我们的文化演变具有至关重要的作用，并追问了语言进化的原因。

帕特·希普曼是一位古人类学家，也是宾夕法尼亚州立大学生物人类学副教授，业已退休。《入侵者：人类与狗是如何使尼安德特人走向灭绝的》（2015年）是她的最新著作。她关于人类和狼关系的研究出现在第5章。

同时还要感谢以下作者和编辑：

罗伯特·阿德勒、克莱尔·安斯沃思、尚塔·巴利、科林·巴拉斯、艾米丽·本森、阿丽莎·A.伯特尔霍、凯瑟琳·博拉西克、伊文·卡拉威、安迪·科格伦、凯特·道格拉斯、艾莉森·乔治、杰西卡·哈姆兹洛、杰夫·赫克特、鲍勃·霍尔姆斯、大卫·霍尔兹曼、裘德·伊莎贝拉、费里斯·贾巴、丹·琼斯、爱丽丝·克莱因、威尔·奈特、罗杰·勒温、梅丽·麦克劳德、菲尔·麦肯纳、雷切尔·诺瓦克、简·彼得罗夫斯基、詹姆斯·兰德森、凯特·勒维利厄斯、大卫·罗布森、迈克尔·斯莱扎克、劳拉·斯平尼、米科·塔塔洛维奇、杰里米·韦伯、克莱尔·威尔逊、萨姆·黄、艾林·伍德沃德、艾德·永、爱玛·扬。

# 前言

"我们从何而来？"没有比这更复杂的问题了。自从我们的祖先发现了该如何思考以来，我们人类就一直对自身的起源感到好奇，但直至最近几个世纪，我们才以科学的方式解答了这个问题。

有关人类进化研究的故事如同史诗一般宏大，其间充满了非凡的发现、大胆的冒险和（往往）引人注目的激烈争论。其中包含了一系列的专业学科，并迫使我们提出深层的问题，追问我们作为一个物种究竟是谁。本书可作为有关这一主题的入门读物。

前7章按照时间顺序讲述了人类进化的历程，从最早的灵长类动物开始，论及最早的类人猿，继而以现代文明的兴起作为结束。最后3章退后一步加以思考，提出了三个最大的问题：我们有何特别之处？我们是如何做到的？还有什么我们尚不知晓？

最后一问至关重要。我们应当抱歉地先行承认，读者即便从头到尾读完了本书，也仍然不能说已经理解了人类是如何进化的。自2000年以来，世人取得了一系列重大发现，颠覆了我们对人类进化的理解，或者说至少导致了这个问题的复杂性大为增加。所以读者在本书中找不到终极真相，但会读到大量的事实、我们对这些事实所作的最妥善的解读以及我们所提出的希望是正确的问题。

# 目录

# 1

# 久远的起源

我们的起源故事始于数千万年前，一场大灭绝消灭了所有的恐龙——鸟类除外——以及众多其他生物，在那场大灭绝发生之后，出现了一个新的动物类群。它们的躯体很小，一开始很可能看似完全无足轻重，但它们遍布每一块大陆，并最终改变这颗星球的面貌。它们就是灵长类动物。

灵长类动物的进化史跨越了 5500 万年，涉及数百个物种。但从我们自身进化的角度来看，其中有四个关键步骤：

1. 原始灵长类动物；

2. "高等灵长类动物"或"猿猴"——包括猴子；

3. 类人猿，尤指黑猩猩；

4. 与我们相似的古人类的崛起。

在本章中，我们将主要着眼于前 3 个步骤；接下来的 6 章则会述及古人类。

# 认识一下阿奇

我们的远祖很可能是在亚洲进化而来的，那是一个恐龙刚刚消失无踪的温室世界。5500 多万年前，在今天的东亚地区茂密的热带雨林中，动物界里出现了一个新的声音：灵长类动物在初试啼声。

2013 年，有一块化石被公之于众，或许可以让我们了解一下这一至关重要的祖先是副什么模样。在迄今为止的发现中，阿喀琉斯基猴（*Archicebus achilles*）是年代最早的灵长类动物骨骸（见图 1.1）。它充分地证明了我们这一谱系是在亚洲进化形成的，时间比我们想象中的要早数百万年，并将灵长类动

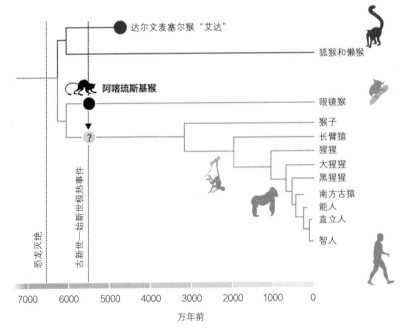

图 1.1　灵长类动物、类人猿和古人类的进化：阿喀琉斯基猴是迄今为止发现的最古老的灵长类动物。对化石的分析表明，它属于眼镜猴谱系，但也有可能是人类的祖先

物的进化与过去 6500 万年间最极端的气候变化联系起来。

中国科学院古脊椎动物与古人类研究所倪喜军和他的同事们在华中地区发现了阿喀琉斯基猴，就在长江以南的土地上。它的历史可以追溯到 5500 万年前。阿喀琉斯基猴长着日行动物那种相对较小的眼睛，以及食虫动物锋利的臼齿。值得注意的是，它还长着灵长类动物的后肢和可以弯曲的脚，这样的动物已经习惯于在树枝间跳跃，并用脚抓住树枝——直到数百万年前，我们的祖先从树上下来以后，我们才丧失了这些特征。事实上，2013 年的一项研究显示，我们当中至少有 1/13 的人仍然拥有可弯曲的脚——这一特征似乎可以一直追溯到一种与阿喀琉斯基猴非常相似的动物。

经过最初对阿喀琉斯基猴所作的分析，人们并没有将其归入与我们直接相关的谱系，而是归入了邻近的谱系——东南亚的眼镜猴。然而，很难确定它到底属于哪一类群。

我们之所以会认为阿喀琉斯基猴与我们的亲缘关系可能更近，有一个主要原因。我们料想人类最早的祖先应当具备某些特征，而它身上的某些部位与之有着惊人的相似特征，尤其是它的踝骨，看起来就跟猴子的踝骨一样，正是由于这一特征，研究小组才以希腊英雄阿喀琉斯的名字来命名这一非凡的化石。

也许最重要的是，这块化石证实了灵长类动物起源于东亚的观点，并且表明早在 5500 万年前，所有猴子和类人猿的祖先就已经从其他灵长类动物中分化出来了——这比教科书上的说法提早了数百万年。这一发现将我们灵长类动物谱系的诞生与全球气温的一个主要峰值——古新世—始新世极热事件——联系了起来，还把我们的起源地恰好定在了古新世—始新世极热事件大熔炉的正中央那一点：亚洲赤道地区。灵长类动物对热带地区的环境适应得很好，所以，认为它们起源于气候温暖的地区是有道理的。

除此之外，东亚可能还为热带物种提供了一处避难所，以抵御那些温度较低时期的风暴：地球上漂移的构造板块牵引着所有主要的大陆跨越了不同的纬度，而与此同时，这一地区则仍然停留在原来的位置，正好位于赤道之上。在大灭绝之后，有众多的生态位随之腾出，而炎热的气候应当促生出大量的昆虫和水果。

不过，这也给我们留下了一道令人困惑的难题。在后面的章节中，我们将会看到，非洲才是人类的摇篮，所以在某一时期，早期与猴子相似的类人猿必定从亚洲迁徙到了非洲：时间或许是在 4000 万年前左右。这一点很难解释，因为当时辽阔的特提斯海隔开了亚洲和非洲。

### 猴子考古学

如果对灵长类动物的家族史加以追溯，我们就会发现，猴子处于中间的某个位置上：它们比最古老的类群（如狐猴）更晚出现，但又不像接近于人的类人猿那么晚。然而，它们确实取得了一些相当非凡的成就。

2016 年，在第一次"猴子考古学"挖掘中，人们发现了早期若干代野生猕猴使用过的工具，这个灵长类动物类群与人类之间相隔着大约 2500 万年的进化历程。这一发现说明，并非只有人类才留下了可供考古学一窥的过往文化记录。

各种各样的动物都会使用工具，但它们的工具往往是由类似树叶和小树枝等容易腐烂的材料制成的，这就使得人们难以研究这种行为的起源，但缅甸长尾猕猴却是一个罕见的例外。它们以使用石器敲开贝类、螃蟹和坚果而闻名，这使得它们成为跟随古人类迈入石器时代的极少数灵长类动物之一。

牛津大学的迈克尔·哈斯拉姆及其研究团队在泰国一座名为皮南雅（Piak Nam Yai）的小岛上进行了这次挖掘，猴子们曾经在一些岛屿上生活和使用石器，这座小岛便是其中之一。他们仔细研究了现场的沙质沉积物，根据其磨损模式，发现了 10 件被认为是猕猴使用过的石器。通过对在相同沉积层中发现的牡蛎壳加以定年，他们确定，这些工具可能有 65 年的历史，可以上溯两代猕猴。

根据目击者的描述，我们得知，这些猴子使用工具至少已有 120 年的历史，所以这项研究并没有将这种行为出现的时间再往前推。但哈斯拉姆认为，这是对这种行为的本质进行更深入研究的第一步。

猕猴的"石器时代"究竟可以追溯到多久以前，这一点谁也说不清。21 世纪初的一次罕见的"黑猩猩考古学"挖掘表明，黑猩猩使用石器已有 4000 多年的历史了。

## 类人猿的开端

今天，大多数类人猿的数量都相对稀少，生活的区域也相对偏远。黑猩猩和大猩猩仅限于在非洲的少数几块面积不大的土地上活动，而猩猩只在加里曼丹岛和苏门答腊岛才有。只有长臂猿的活动范围要广一些。然而，如果将时光回溯到 2000 万—700 万年前，那么科幻小说里的场景就是与科学相符的事实：地球确实是类人猿的星球。

在最早的人类出现之前，至少有 100 个类人猿物种在世界各地游荡。它们数量可观，种类繁多，但还有一点更吸引人，那就是它们向我们透露了关于人类起源的信息。人类的主要特征——包括大容量的大脑、灵巧的双手、直立行走的姿势和漫长的童年——都可以追溯到这一时期。真正令人惊讶的是，这些特征都是在欧洲类人猿身上进化形成的。

毫无疑问，类人猿起源于非洲，或者说我们年代较近的进化是发生在非洲的。但在这两个里程碑之间的一段时期，类人猿在故乡大陆徘徊在灭绝的边缘，而在欧洲却得以繁衍生息。更重要的是，正是由于这一时期欧洲类人猿物种的变化，我们才成为如今的模样。

化石记录表明，类人猿大约自 2600 万年前开始在非洲生活，大约 400 万年后以原康修尔猿（Proconsul）的形态在非洲定居下来。原康修尔猿有位近亲，名叫伊肯波猿（Ekembo），生活在 1800 万年前，伊肯波猿为这些早期猿类描绘出了一幅绝妙的图画。

在肯尼亚鲁辛加岛上的火山灰层中，人们发现了像庞贝遗迹那样保存完好的伊肯波猿遗骸。我们发现的这种动物四肢等长，脊椎呈水平状，大脑的大小与现代的狒狒差不多。换句话说，伊肯波猿看起来就像一只大猴子，但又与猴子有着一个关键的区别：它没有尾巴。尾巴让很多猴子得以保持平衡，但是伊肯波猿的腕部和臀部更加灵活，用于抓握的手和脚也更加有力，借此弥补了尾巴的缺失。这使得类人猿走上了一条与旧大陆的猴子不同的道路。

第二个重大的变化发生在与伊肯波猿属于同一时代的非洲古猿属（Afropithecus）身上。从脖子以下的部位来看，这两种猿的外形非常相似，但二者的下颌和牙齿却大不相同。非洲古猿的下颌和牙齿要强壮得多，适合进行有力的粉碎和研磨。有了这样的下颌和牙齿，它就可以从有壳的食物中获取营养，而伊肯波猿的下颌较为纤弱，是无法咬破这些外壳的，也就无法获得其中的营养。这看起来可能并不算太引人注目，但这种能力却对猿类产生了巨大的影响。既然有能力食用品种更为丰富的食物，它们便可以扩大活动范围，离开非洲，散布到欧洲和亚洲。

我们已知的欧洲最早的类人猿属于土耳其古猿属（Griphopithecus），其历史可以追溯到1750万年前。它们继承了非洲古猿强大的咬合力，但它们的牙齿略有不同，与我们在非洲的年代最早的直系祖先更为接近。根据化石记录，大约在1700万年前，土耳其古猿生活在今德国和土耳其的领土上。当时，欧洲大部分地区都处于亚热带范围内，季节性变化不大，气候适合全年持续依赖水果为食的动物生活，比如类人猿。然而，随着土耳其古猿向北迁移，环境就会变得更具挑战性，最终促使它们进化出新的适应性改变。

除了向北迁徙之外，土耳其古猿还返回了南方，所以等到大约1500万年前，它们的活动范围便覆盖了从欧洲到东非的整片区域。大约在那一时期，这个家族当中的一个物种纳克拉古猿属（Nacholapithecus）生活在肯尼亚，它们的四肢已经发生了进化，肘部和手腕的尺寸相对较大，这也许预演了一种发展方式，现存的类人猿和最早的人类的手臂也变得较长了。然而，出于某些我们不清楚的原因，土耳其古猿似乎在非洲绝迹了。事实上，化石记录表明，在1400万—800万年前，那里的类人猿数量稀少，大多数出自与伊肯波猿有关的古老谱系，而且行将灭绝。

相比之下，欧洲则正在出现真正具有现代外形特征的大型类人猿。大约在1250万年前，第一种姿态更为接近直立行走的猿类出现了。在西班牙北部的加泰罗尼亚出土了皮尔劳尔猿属（Pierolapithecus），有时也被称为森林古猿属（Dryopithecus）。出土化石仅为部分骨骼，显示这一猿类有着更为垂直的脊椎和宽阔的胸部，手臂比腿长，手腕非常灵活，手指长而弯曲，抓握有力。这些特征使得森林古猿看起来更像今天的大型类人猿。它们还完成了一个重要的转变，即从四肢着地、像猴子一样走路变成了像猿一样移动、在树枝下方悬挂和摆动。

几万年后，生活在今加泰罗尼亚地区的西班牙古猿属（Hispanopithecus）形成了更长的手臂和更挺直的背部。鲁道古猿属（Rudapithecus）也是如此，它们与西班牙古猿属生活在同一时期，活动范围在今匈牙利一带。更重要的是，据我们所知，在类人猿当中，鲁道古猿属首次进化出了现代大型类人猿的另外两个关键特征：大容量的大脑和延长的童年期。1999年，科学家在鲁道巴尼奥镇发现了一块保存完好的鲁道古猿头骨。其结构上的细节——包括脑壳、下颌和颅底——类似于现存非洲类人猿的解剖结构，尤其像大猩猩，只是体形较小。其大脑的大小与如今的黑猩猩相当。据牙齿生长研究方面的证据表明，鲁道古猿的童年比它们的祖先更长。

人类学家戴维·比甘认为，类人猿在进化过程中之所以会出现诸如此类的关键性进展，是因为受到了它们在欧洲遭遇的挑战性生态条件的激发。在中新世那段气候最温暖的时期，类人猿在这片大陆上繁衍生息，但到了1400万年前，这里的气候开始变得寒冷起来，森林不再那样茂密，食物也越来越少。为了生存，类人猿就必须发展出新的策略，要在树上和地面上都可以寻找到食物。这就导致了身体和认知方面的若干变化。与大容量的大脑和延长的童年期相关的，是较高水平的智力和记忆力、复杂的学习能力和战略思维能力，对生活环境存在季节性变化的类人猿而言，这些都是重要的工具，而且也是我们人类这一物种具有的特征。

随着时间的推移，对猿类来说，欧洲的生活条件逐渐变得过于艰苦了，大约在1000万年前，它们离开欧洲大陆，去了非洲。在那里，现存的与我们亲缘关系最近的物种进化出了不同的谱系，大猩猩最先分化出来，然后是黑猩猩和人类。但是，唯有本着中新世类人猿的情况来看，最早出现的人类的解剖学结构和行为才有意义。也许，没有在欧洲出现的发展，就永远也不会进化出人类。

## 缺失环节

人类和黑猩猩的最终共同祖先是什么？尽管每年都会发现数十具新的化石，但那个真正的"缺失环节"仍然像以往一样难以捉摸。乍看之下，我们有充分的理由相信，或许我们总有一天会发现那种人类和黑猩猩，即我们最亲近的近亲的最终共同祖先。毕竟，我们很清楚，它是在什么时期、在什么地方使用指关节，或是在树林里荡来荡去。

大多数古生物学家倾向于接受的观点是黑猩猩和人类的最终共同祖先生活在非洲，时间大约是在 700 万年前。

可惜的是，关于这种动物的证据寻找起来相当困难。经过数十年的寻找，我们收集到了相当丰富的古人类祖先的化石，可以追溯到 400 万年前。不过，凡是在此之前的化石证据却寥寥无几。这在一定程度上是因为在古人类生活的地方，动物更容易变成化石，比如湖岸边和洞穴里。而比它们出现时间更早的亲缘物种可能就并非如此了。甚至有可能人类－黑猩猩祖先的遗骸就在我们眼前，我们也辨认不出来。不同的学者对于这位祖先的长相有着不同的推测。

来自乔治·华盛顿大学的塞尔吉奥·阿尔梅西亚，通过对早期的古人类化石、类人猿化石与大量现存的灵长类动物进行比较，得出的结论是，我们祖先的手和大腿骨更像人类，而没那么像黑猩猩。他说，它很可能还在用四肢行走，但与黑猩猩并不相同。加州大学旧金山分校的内森·扬和他的同事们采用了一种大致与此相似的方法，他们认为，这种动物的肩膀与黑猩猩的相似——表明它跟今天的黑猩猩一样，在树丛中摇摆行进。阿尔梅西亚认为，这一祖先可能集合了多种特征——其中某些特征甚至有可能在现今的两个类群中都见不到了。有人希望，对现存类人猿的基因组加以比较或许可以提供一些证据，让人们能够达成一致的认识。

不过，有一点需要我们多加小心。所有这些想法都预先假设有一种单一的祖先存在。迄今为止的遗传学研究表明，我们的某些染色体从黑猩猩的染色体中分化出来的时间远远早于其余染色体，这可能说明简单清晰的分化并不存在。相反，与灵长类动物相似的种群在一段时期内有所分散，然后又重新聚集到一起，在发生永久性分化之前进行过杂交——而这一切发生的过程长达数百万年。试着从这团乱麻中挑出一个单一祖先看看吧。

何况还有另一个问题：我们一直以来关注的那段史前时期可能根本就是错误的。

## 我们真正的开端

在你脑海里排列一下吧。我们一代又一代的祖先，在时间上往回追溯，经过昔日的文明时代、冰河时代、走出非洲的一场史诗般的迁徙，一直追溯到我们物种的起源。在另一边，我们去追溯一只黑猩猩的祖先，那么要往回追溯多久，经过多少代，这两条线才会相交？

关于我们和黑猩猩的谱系是何时分道扬镳的，人们进行了一些新的估算，结果表明，我们的某些既定观念简直大错特错。如果这些意见果真是正确的，那人类的史前史就需要从头重写一遍了。

遗传学是其中关键。DNA（脱氧核糖核酸）包含了一个物种过去发生的种种事件的蛛丝马迹，足以说明问题，包括关于共同祖先和物种形成的信息。从理论上来讲，计算物种形成的时间应该是件直截了当的事。当两个物种从一个共同的祖先中分化出来时，它们的 DNA 之间的差异会变得越来越大，这主要是由于随机突变的积累所致。因此，两个相关物种之间的遗传差异数量与它们分化后的时间长度成正比。要想估算人类和黑猩猩发生分化的时间，遗传学家只要简单地计算一下黑猩猩和人类的 DNA 匹配片段之间的差异数量，并将这个数字除以基因突变积累的速度即可。这就是所谓的分子钟法。

但这里有个问题。要想得出答案，我们就必须知道突变产生的速度有多快。而这又让我们绕回了起点：首先需要知道我们是在多久以前与黑猩猩发生分化的。为了避开这个逻辑问题，遗传学家转而从黑猩猩身上想办法。化石表明，黑猩猩是在 1000 万—2000 万年前从我们的谱系中分化出去的。遗传学家采用这种折中方案，得出了每一代每个基因组中约有 75 个突变的突变率。换言之，人类和黑猩猩的每一位后代都有 75 个新突变并非遗传自父母。

这个数字是建立在几项重大假设基础之上的，尤其是假设黑猩猩化石记录可以作为可靠的证据——而大多数人都一致认为这并不行。尽管如此，这一数字仍然引出了如下猜测，即人类祖先是在 600 万至 400 万年前与黑猩猩发生分化的。当化石搜寻者听到这个数字时，他们表示了强烈的抗议。估测范围的下限尤其令人难以接受。南方古猿阿法种（Australopithecus afarensis）是一种来自东非的早期古人类，已经具备了明显的人类特征，但它们出现的时间至少可以追溯到 385 万年前。它们的犬齿很小，而且它们还是直立行走的。

这两种特征都被视为古人类的特征，而非黑猩猩的特征。然而，很难想象在发生分化后的短短 15 万年里，它们居然就能进化得如此之快。在化石证据面前，分化时间为 400 万年前的说法似乎不太站得住脚。即使是 600 万—500 万年前的说法也遭到了质疑。同样，某些来自非洲的化石也可以追溯到大约同一时期，并带有明确无误的人类特征。尽管对遗骸的理解还存在争议，但许多人都认为其出现的时间应当是在分化以后。

简言之，古生物学家们确信，DNA 估测结果准确的可能性微乎其微。他们断言，人类形成的时间必定比遗传学家所宣称的更早。历史似乎开始证明他们的说法是对的了：现在，研究人类种群的研究人员几乎可以在突变发生时就观察到它们。这样一来，情况就大不相同了。我们可以实时倾听分子时钟发出的嘀嗒声，而不必依赖基于罕见化石所做的估算。

2012 年 9 月，位于冰岛雷克雅未克的基因学解码公司的奥古斯丁·孔及其同事们发表了一项颇具开创性的研究成果。他们扫描了 78 名儿童及其父母的基因组，计算了每个儿童的基因组中新突变的数量，然后他们发现，每个儿童平均携带着 36 个新突变。关键在于，这个数字仅相当于之前那个假设值的一半，这就意味着分子时钟走得比我们以为的要慢，即人类和黑猩猩发生分化的时间可以追溯到更久远的年代。

确切地说，有多久远呢？同年，波士顿大学的凯文·兰格格雷伯和他的同事们拼出了这幅拼图中的另一部分。在孔等人的研究中，突变率是按每一代来进行测量的。要将此转换成对我们的祖先与黑猩猩发生分化的时间所做的估算，我们就需要知道一代相当于多长时间；换言之，亦即需要了解平均繁殖年龄。在这方面，我们对人类了解得倒是很充分，但对其他灵长类动物则不然。拿黑猩猩来说，估算的时间范围在 15～25 年。

通过对 8 个野生黑猩猩种群 226 个后代的数据分析，兰格格雷伯发现，平均而言，黑猩猩繁衍后代的年龄在 24 岁半。根据这些新的数据，他的团队估计，人类谱系至少在 700 万年前就与黑猩猩分道扬镳了，甚至有可能早在 1300 万年前。

在孔及同事们发表新的估算结果之后，没过多久，另一个团队——其中包括许多相同的研究人员——又发表了另一个估算结果。他们分析了超过 8.5 万个冰岛人的 DNA，重点研究了被称为微卫星的 DNA 短链——这是更为可靠的突变记录。他们得出的突变速度并不像在孔的研究中的那么缓慢。因此，他们估算出的分化时间限定在 750 万年前。

无论是哪一种情况，我们的谱系出现的时间都比我们曾经以为的要早得多。

## ② 两条腿走路

　　我们的祖先从黑猩猩的祖先当中分化出来之后，他们还在继续发生变化。这些最早的古人类与类人猿仍旧非常相似，但他们很快就进化出了少数足以说明问题的特征。特别是他们似乎已经开始以不同的方式行走了。

　　在整个 20 世纪，古人类的化石记录并没有将其年代往回追溯太长的时间。有大量的化石出自过去的两三百万年间，但属于更早时期的却几乎毫无发现。从与黑猩猩发生分化的假定时间（我们目前推测应在 1300 万至 700 万年前）到大约 400 万年前之间，这段时间是一片空白。但在 21 世纪的开头几年里，这一切却都发生了变化。

# 土根原初人

2000 年 12 月，在肯尼亚工作的科学家们宣布，他们发现了迄今为止年代最早的类人骨骼化石。这些遗骸最初被称作"千僖人（Millennium Man）"，这个物种被正式命名为土根原初人（Orrorin tugenensis）。人们认为，这些化石大约有 600 万年的历史，比之前发现的化石早了大约 150 万年。

这些化石是在东非大裂谷发现的，那里曾经出土过许多早期的人科动物化石。2000 年 10 月，一名当地牧民偶然发现了第一个标本，并加入了发掘现场的法国和肯尼亚考古学家团队。研究小组随后又挖掘出了分属 5 个个体的遗骸，其中包括带牙齿的下颌、手臂、腿和指骨碎片。

一根保存完好的大腿骨表明，土根原初人具有强壮的后腿，有可能是直立行走的，这是将其与类人动物或古人类联系起来的关键特征。这意味着两足直立行走开始的时间比人们之前认为的要提早 200 万年。强健的手臂骨骼表明，这种生物同样也可以愉快地在树梢上爬来爬去。

但是，将土根原初人与现代人类联系起来的关键发现在于牙齿：土根原初人具有相对较小的犬齿和有力的臼齿，这表明他很可能喜欢吃水果和蔬菜，偶尔吃肉。

后来的研究发现了更有力的证据，证明土根原初人是两足行走的。2004 年，美国宾夕法尼亚州立大学的罗伯特·埃克哈特对土根原初人的三根大腿骨中保存最完整的那根进行了 CT（计算机断层扫描术）扫描。他希望通过揭示其内部结构，以弄清该骨骼的生物力学用途。

基本上而言，大腿骨支撑着水平的骨盆梁，骨盆梁承受着头部和身体的重量。身体姿势决定了作用于大腿骨上的负荷，而负荷则决定了大腿骨的肌肉组织和结构。在用指关节行走的黑猩猩身上，在大腿骨的顶部和底部，强壮的外皮层厚度是相同的。然而，两足直立行走会带来不同的受力，这意味着人类大腿骨底部的皮层至少要厚4倍。埃克哈特发现，土根原初人大腿骨的下半部分比上半部分厚3倍，这就说明，土根原初人的行走习惯比黑猩猩更接近于人类。

然后，在2008年，另一组研究人员又测量了大腿骨的形状，这可以说明生物采取的行走方式。他们将之与其他化石以及现代大型类人猿的大腿骨进行了比较，结果表明土根原初人是两足动物。在400万年的时间里，土根原初人独特的行走方式或许一直占据主导地位，直到人类进化出了一种更适合长距离行走和奔跑的步态为止。

### 采访：发现女性土根原初人

2000年，布里吉特·塞努特在肯尼亚的图根山区发现了土根原初人，这是已知最早的直立行走的人类祖先。

问：您于2000年发掘出的骨骸非常重要，这一点您是什么时候知道的？

答：立刻就知道了。现场负责人吉普塔拉姆·齐博伊发现了两块下颌碎片。研究团队的其他成员随后又发现了两块股骨和一块肱骨。我们进一步研究了股骨的细节，但是我们从其形态上已经可以看出，它们属于一种两足行走的人科动物所有。根据现场的地质情况，我们知道它已有600万年的历史。这就将两足直立行走的起源往前推了大约300万年，因为当时已知的最早的两足动物是埃塞俄比亚的南方古猿露西（见第3章）。

问：这一发现存在争议。这是为什么？

答：根据当时的主流范式，在上新世之前，地球上并不存在人科动物或人类祖先——上新世是始于550万年前的地质时代。当我见到土根原初人时，我就知道，我们的麻烦才刚刚开始。果然，有些人说我们出土的是黑猩猩的遗骸。现在人人都承认土根原初人是人族的一员，但关于土根原初人和露西之间的关系仍然存在争议。他们都是现代人类的直系祖先，还是南方古猿在某一时期发生了分化？

问：您认为土根原初人就是所说的"缺失环节"吗？

答：不是。缺失环节的概念暗示，共同祖先应当属于现代大型类人猿这一类，但土根原初人的祖先与现代黑猩猩却毫无相似之处。

问：土根原初人这个名字是什么意思？

答：在肯尼亚的图根语中，它的意思是"原始的存在"。长期以来，图根人一直用歌舞来歌颂这种神秘的生物。

问：土根原初人长什么样？

答：这是个年轻的成年土根原初人，身高在1.1米到1.37米之间，也就是说，比露西略高一点。像露西一样，这个年轻的土根原初人既会爬树，也会用两足行走。不过露西的骨架小、牙齿大，而土根原初人的牙齿小、骨架相对较大。在我看来，不太可能是像土根原初人这样的小齿动物进化成了像露西这样的巨齿动物，而露西又反过来进化成了后来的小齿人科动物，但其他人却不这么认为。

问：您发现的第一具遗骸的主人当初是怎么死的，您知道吗？

答：有一部分骨头上覆盖着一层细细的碳酸钠，于是我一开始认为，他可能曾经冒险踏上了炽热的碱湖上脆弱的地壳——即便在如今的东非大裂谷里，也仍然能找到类似的碱湖——然后掉了进去，被困于此。然而，其中一根骨头（是股骨）上面还留有牙印，而且骨头上端的部分有所缺失，就好像这条腿作为身上肉最多的部分，从躯干上被拽了下来一样。豹子就是这样对付猎物的。我想，是一只类似豹子的动物杀死了这个土根原初人，然后把他的尸体拖到了一棵树上。他的骨头不时掉进下面的湖里。这只是一种可能的情况，但与事实是相符的。

# 乍得沙赫人

　　土根原初人固然是一项令人瞩目的发现。但在 2002 年 7 月，又有一个真正堪称年代久远的物种被公之于世。在乍得终年风声呼啸的沙漠中，有人发现了一个 700 万—600 万年前的人科动物头骨。将其发掘出土的是法国普瓦捷大学的米歇尔·布鲁内特及其团队，自 1994 年以来，他们就一直在该地区挖掘。研究团队还发现了其他个体的下颌碎片和单独的牙齿。

　　这个新物种被命名为乍得沙赫人（Sahelanthropus tchadensis），与人类和黑猩猩的共同祖先非常接近。这也就是说，最终共同祖先与现代的任何一种类人猿都并不十分相似。尽管沙赫人的身体和大脑与现代黑猩猩的尺寸相当，但其面部却大不相同，沙赫人具有巨大的眉骨和小得多的犬齿。从后面看起来，沙赫人的头骨与黑猩猩的头骨相似，而从前面看则有可能被认作是距今 175 万年前的南方古猿。

　　这一发现还表明，早期的人科动物已经从东非大裂谷向外迁徙了至少 2500 千米，在此之前，在东非大裂谷曾发现过最好的化石。在沙赫人生活的那段时期，乍得的气候尚且还算湿润，因此研究团队给这个头骨取了个绰号，叫作"图迈（Toumai）"，这是当地人对出生在旱季之前的婴儿的称呼。

自从取得这一发现以来，人们关注的关键问题一直在于图迈是否直立行走。目前还没有发现任何腿骨。然而布鲁内特认为，至少脊柱连入头部的位置与两足行走的姿势是相符的。

新化石呈现出的混杂特征进一步挑战了过去的理论，亦即在一个谱系中，人科动物的每一项关键特征只进化过一次。相反，我们的进化可能是一系列的多样化进程，其中的解剖学特征是"经过混搭匹配的"。

## "阿尔迪"

人们在首次发现地猿（Ardipithecus）时并没有认识到它到底是什么。1994年，蒂姆·怀特和他的同事们将其描述为南方古猿始祖种（Australopithecus ramidus）：虽是一个新物种，但却属于已经广为人知的南方古猿属（见第3章）。一年后，他们又发表了一份声明，修正了最初的分类，并宣布该化石属于一个新属。这一新属现在被命名为"拉密达地猿（Ardipithecus ramidus，也被称为"阿尔迪"）"。

对该化石的详细分析耗费了15年的时间才得以发表。据考证，阿尔迪已有440万年的历史，这表明到那一时期，我们的祖先已经是直立行走的杂食动物，并且相互合作。

阿尔迪身高117～124厘米，体重约50千克。阿尔迪完全是直立行走的，这一点与黑猩猩不同，但与后来的南方古猿却是一样的。这表明，"用指关节行走"是黑猩猩和大猩猩到了近代才形成的适应性特征，而非被我们的祖先所放弃的一种古老特征。话虽如此，阿尔迪似乎也有些时光是在树上度过的。她有一根可以与其他脚趾对握的大脚趾，可以帮助她抓住树枝。

## 人类进化史的时间线

从这里开始，人类进化史的故事就变得更复杂了。有多个古人类物种都生活在同一时期，关于其中哪一些可以算作独立的物种，人们还存在着争议。所以，此时似乎是个不错的时机，可以向各位读者展示一下人类进化的时间线，以帮助大家理清头绪。

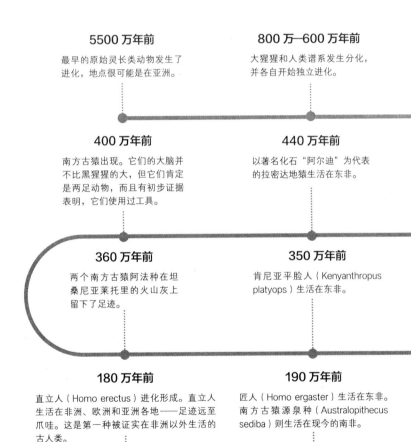

**5500 万年前**

最早的原始灵长类动物发生了进化，地点很可能是在亚洲。

**800 万—600 万年前**

大猩猩和人类谱系发生分化，并各自开始独立进化。

**400 万年前**

南方古猿出现。它们的大脑并不比黑猩猩的大，但它们肯定是两足动物，而且有初步证据表明，它们使用过工具。

**440 万年前**

以著名化石"阿尔迪"为代表的拉密达地猿生活在东非。

**360 万年前**

两个南方古猿阿法种在坦桑尼亚莱托里的火山灰上留下了足迹。

**350 万年前**

肯尼亚平脸人（Kenyanthropus platyops）生活在东非。

**180 万年前**

直立人（Homo erectus）进化形成。直立人生活在非洲、欧洲和亚洲各地——足迹远至爪哇。这是第一种被证实在非洲以外生活的古人类。

**190 万年前**

匠人（Homo ergaster）生活在东非。南方古猿源泉种（Australopithecus sediba）则生活在现今的南非。

**1300 万 - 700 万年前**

黑猩猩和人类谱系分道扬镳，开始各自独立进化。

**700 万年前**

最早的古人类之一乍得沙赫人生活在中非。

**550 万年前**

卡达巴地猿生活在东非，这是一种栖息在森林里的古人类，用两条腿行走。

**600 万年前**

土根原初人生活在东非，这可能是最早用两足直立行走的古人类。

**330 万年前**

已知最古老的石器来自肯尼亚的洛迈奎。

**320 万年前**

著名的南方古猿阿法种露西生活在今埃塞俄比亚。

**230 万年前**

能人（Homo habilis）出现。这可能是我们人属当中的第一个物种，其大脑比早期古人类要略大一些。

**260 万年**

已知最早的奥杜威石器出现。

**270 万年前**

鲍氏傍人（Paranthropus boisei）生活在东非。

**60 万年前**

海德堡人（Homo heidelbergensis）生活在非洲和欧洲。其脑容量接近于现代人类。

**45 万年前**

尼安德特人（Neanderthal）和丹尼索瓦人（Denisovan）的谱系发生分化，并开始各自独立进化。丹尼索瓦人遍布亚洲，而尼安德特人则居住在欧洲。

**13 万—11.5 万年前**

智人第一次走出非洲，迁徙的足迹远至中东地区。

**14.3 万年前**

表明直立人在亚洲活动的证据中，年代最近的证据就出现在这一时期。大概没过多久，他们就灭绝了。

**11 万年前**

出现了已知最古老的珠宝，用海洋中的贝壳制成。

**7 万年前**

智人第二次走出非洲，迁徙到了世界各地。

**3.9 万年前**

表明尼安德特人在欧洲活动的证据最后出现于此时。他们灭绝之后，智人成为唯一现存的古人类物种。

**4 万年前**

已知最早的洞穴艺术是在西班牙卡斯蒂略洞穴中的一个红点。

**1.85 万年前**

此时美洲已有现代人类生活。

**1.6 万年前**

关于家犬的存在，为世人认可的年代最早的证据就出现在此时。

**40 万年前**

已知最古老的木制长矛，被发现于德国舍宁根。

**33.5 万—23.6 万年前**

纳莱迪人（Homo naledi）生活在非洲南部。

**19 万年前**

霍比特人（即弗洛勒斯人，Homo floresiensis）出现在印度尼西亚。他们身高刚刚超过 1 米，虽然大脑很小，却拥有先进的石器。

**32 万年前**

已知最早的智人标本生活在摩洛哥。

**6.5 万年前**

澳大利亚有人类生活的最早证据出现在此时。

**5 万年前**

所谓的大飞跃：文化开始以比过去更快的速度发生变化。人们开始埋葬死者，创造了衣服，还发展出了复杂的狩猎技巧。

**4.5 万年前**

智人与尼安德特人发生杂交，地点很可能是在中东地区。

**5 万年前**

在这一时期，印度尼西亚的弗洛勒斯人留下了年代最近的踪迹。很可能没过多久，他们就灭绝了。

**1.1 万年前**

大规模建筑的最早证据见于黎凡特。

**1 万年前**

农业得到发展和推广。

**5000 年前**

年代最早的真正文字出现。

**5500 年前**

青铜时代开始。人类开始冶炼和加工铜与锡。

阿尔迪的大脑在某些方面与类人猿非常相似：比我们的大脑小得多，体积仅为 300 ～ 350 立方厘米。然而，她的面部却远远不及现代大型类人猿那样突出。通过她的牙齿，我们对她的饮食有所了解。其臼齿比后来的南方古猿要小，可能很适合咬碎坚果和其他坚硬的食物。其他的牙齿看起来没有专门的用途，这表明她是杂食动物，食物中混杂着成熟的水果和小动物。

2001 年的一项发现表明，地猿属存续了 100 多万年。同年，在非洲执教，现就职于俄亥俄州克利夫兰自然历史博物馆的约翰内斯·海尔－塞拉西发现了一些遗骨和牙齿，分别属于 5 个距今 580 万至 520 万年前的个体。这些遗骸在形状和大小上都与距今 440 万年前的拉密达地猿很相似。不过，它们的犬齿比后来的人科动物更加锋利，这表明它们是拉密达地猿一个更原始的亚种。

它们现在被称为"卡达巴地猿（Ardipithecus kadabba）"，在阿法尔语中，"卡达巴"的意思是"作为基础的家族祖先"。一根趾骨的形状表明，卡达巴地猿是直立行走的。

# 3

# 露西和她的姐妹们

　　人类起源史上的下一个重大事件是南方古猿的出现：400万—200万年前，有一群与人类更为相似的生物在非洲繁衍生息。在古人类学中或许最为著名的化石——传奇的"露西"——便属于南方古猿。在人类形成的道路上，这些生物也是关键的一环。

# 塔翁儿童

1924 年，雷蒙德·达特的一项发现改变了他的生活，也颠覆了人类学中既定的认知。

在南非一个名为塔翁的地方，采石场的人们发现了一个与类人猿相似的幼儿头骨化石。达特将其鉴定为早期人类祖先的头骨。该化石被称为"塔翁儿童（Taung Child）"，是人们发现的首块脑容量不大的人科动物化石。达特将其命名为南方古猿非洲种（Australopithecus africanus），意思是"来自非洲的南方古猿"。

当时，大多数人类学家都认为，亚洲才是人类进化形成的地方。塔翁儿童化石是在非洲发现的第一块人类祖先化石。它首次提供了实实在在的证据，证明了人类的摇篮乃是这块大陆，而非亚洲。达特认为，在人类的进化过程中，这种与类人猿相似的小型生物扮演了重要角色，他因此遭到了人们的嘲笑，他的观点最终也无人理睬。直至 20 年后，他的思想才获得认可，成为人类学思想的核心部分。

# 露西

1974 年年末，人类学家们在埃塞俄比亚偏远的阿法尔地区挖掘化石。唐纳德·约翰森就是其中之一，他发现了几块从地底下探出来的骨头——人们已知这片土地有 320 万年的历史。就当时而言（比发现土根原初人、乍得沙赫人和阿尔迪的时间早了几十年），这是世人发现的年代最早的古人类化石。

那天晚上，约翰森播放了自己随身带来的披头士乐队的唱片，响起了《露西在缀满钻石的天空中》这首歌。小组中有人建议将新发现的化石命名为"露西"，于是这个名字就此流传下来了。

然而，她的学名叫作南方古猿阿法种，这个物种与塔翁儿童所属的南方古猿非洲种截然不同。

露西长什么样？2016年公布的骨骼扫描结果证实，她的上半身异常强健，这要归功于她花费了大量时间来爬树。这一发现表明，对某些早期的人类祖先来说，即便是发展出了在地面行走的能力之后，数百万年之内，在树上活动可能仍然很重要。

露西的手臂和手指都很长，与黑猩猩相似，如果她在生活中经常爬树的话，那么这些特征似乎相当合乎理想。但她的腿和类似人类的脚又表明，她属于研究人员所谓的"陆生两足动物"——她可以用类似人类的步态走路。因此，露西类似黑猩猩的手臂有可能只是从某位爬树的祖先那里继承来的特征，但她已经不再使用了。

后来的分析又发现，露西的手臂骨有厚实的骨壁，这说明她的手臂异常强壮。这属于一种"用进废退"的特性：骨骼强度是动物行为的直接结果，而不是遗传特征。这就意味着某些南方古猿在树上和在地面上同样自在——它们不需要违反自己的身体特征，就能在树上生存。而且，露西的骨骼上有一些伤痕，这似乎表明她是从相当高的地方掉下来摔死的——可能就是从一棵大树上摔下来了。

---

**岩石上的脚印**

坦桑尼亚北部的莱托里是标志性的古代脚印所在地，记录下了366万年前的那一刻：当时，与露西同属一个物种（即南方古猿阿法种）的3个个体大步走过这片土地。

莱托里脚印是在1976年被发现的，以前从未有过类似的发现。这是迄今为止我们已知的年代最早的古人类脚印，它们之所以被意外地保存了下来，是因为有一群南方古猿在潮湿的火山灰从软粉变成硬石之前的那段短暂的时间里从火山灰上踩过。

2016年，又有一件相当出乎意料的事浮出水面：发现了另外两个个体的脚印。据研究人员描述，有13个脚印属于其中一个大个头的个体——称为S1，有1个脚印属于另一个体型较小的南方古猿S2。在20世纪70年代发现这些脚印时，S1似乎一直在以同样的速度朝着同一方向行走——而且很可能是在同一时间。

最初发现的行迹很容易被解读为史前"核心家庭"的证据——人们在进行重建时，往往认为这些行迹是由两个成年个体和一个未成年个体留下的。而新发现的足迹表明，当时在场的还有更多的成年个体，其中一个的体型比其他个体要大得多，即S1个体。这就产生了一个关于南方古猿社会群体的新假说，即它们生活在类似于大猩猩的社会中，一个占统治地位的大个头雄性个体与几个雌性个体及其后代生活在一起。

## 工具制造者

有越来越多的证据表明，可能早在现代人类出现之前的很长一段时间，与类人猿相似的南方古猿就已经知道如何制造石器了。

2010年，在埃塞俄比亚开展工作的德国研究人员在两块距今约340万年前的动物骨骸上发现了一些印记。很明显，这些切割痕迹是用一块锋利的石头刻出来的，而且地点正是在露西所属的南方古猿阿法种生活过的地方。

这项有争议的研究是由德国莱比锡马克斯·普朗克进化人类学研究所的香农·麦克菲隆实施的。相比于不存在争议的最古老的石器，这些骨头还要再早上80万年，而且，当时几乎没有人真的认为南方古猿曾经制造过石器。除此之外，麦克菲隆还没有找到留下这些印记的工具。

在2015年的一项研究中，英国肯特大学的马修·斯金纳和他的同事们研究了可能曾经抓握过工具的物种的手。具体来说，他们研究了掌骨，即手掌中连接手指的五根骨头。因为骨头的末端是由海绵状的柔软骨组织构成的，所以它们是在一生的使用过程中成形的，并且是由这只手做过的事情所塑造的。

例如，黑猩猩花费很多时间在树枝上荡来荡去以及用指关节行走，这就以一种特定的方式对它手上的关节施加了很大的作用力。关于这种力会以怎样的形式来塑造猿类手上的软骨，斯金纳和他的同事们做出了预测，然后对现代类人猿的骨头进行了观察，发现他的预测是正确的。

现代人类的掌骨外观有所不同，这是因为我们使用手的方式不同。我们的大部分活动都涉及某种捏取的动作——想想看你是怎么拿铅笔或举杯子的吧。这种拇指和其余手指之间精准的挤压是人类所独有的，是我们手持燧石的祖先们留下的遗产。

当斯金纳和同事们观察早期人类物种和尼安德特人的掌骨时——尼安德特人同样也用石片来完成类似刮削和宰杀这样的工作——他们发现，骨头末端的形状与现代人类相似，而不像类人猿的骨头。最后，他们研究了4个距今不超过300万年前的南方古猿非洲种个体的掌骨。研究表明，这些个体曾经在树上荡来荡去，但也花费了大量的精力来牢牢地捏取小型物体，这表明南方古猿非洲种确实是早期的工具使用者。

但这并不能作为南方古猿非洲种使用过石器的证据。它们或许是在运用强大而精准的握力来以新的方式获取食物，比如剥掉水果上坚硬的皮。但这项研究确实表明，在 300 万年前，南方古猿非洲种就已经开始以不同于其祖先的方式来使用手了，也就是说，比已知最古老的手斧出现的时间还要再提早40 万年。

## 人如其食

与更接近于类人猿的祖先相比，南方古猿的食物种类有着明显的不同。事实上，南方古猿可能擅长破壳——专门破开坚果和种子来食用。根据 2009 年的一项研究，对获取这类包裹严密的食物而言，南方古猿的嘴恰恰很理想。

较之其类人猿祖先，南方古猿的下颌和牙齿更大、更有力。有些人认为，这是为了用力咀嚼小而坚硬的食物，比如种子。还有人提出，南方古猿较大的嘴只是让其每咬一口就能摄入更多的食物。然而，2009 年的研究结果对这两种解释都提出了质疑。

纽约州立大学奥尔巴尼分校的戴维·斯特雷特和他的团队没有像其他人那样，去分析牙釉质的微观裂纹或骨头的化学成分，而是另辟蹊径，采用了一种在机械工程学中较为常见的方法。他们使用一台 CT 扫描仪，测量了塔翁儿童所属的南方古猿非洲种的颌骨和牙齿，然后根据对肌肉力量的估测，计算出了每颗牙齿在粉碎之前所能发挥的最大力量。

这些计算结果表明，南方古猿非洲种的前臼齿，即位于更为锋利的犬齿后方的牙齿，有足够的力量咬碎坚果壳，这些坚果壳的体积过大，无法塞进口腔后更为有力的臼齿之间。坚果和大种子很可能不是南方古猿最喜爱的零食，但咀嚼这些食物或许曾帮助它们度过食物贫乏的时期。

也有证据表明，刚开始从树上下来不久，南方古猿就开始吃草了。生活在 350 万—300 万年前的南方古猿所需营养有一半以上都来自草，而不像其祖先那样，更偏好水果和昆虫。这是古人类食用草原植物的最早证据。

2012 年的一项研究发现，生活在非洲乍得湖附近稀树草原上的南方古猿羚羊河种的骨骼中，含有高浓度的碳 -13。这是大量食用青草和莎草的动物所具备的典型特征。此前，关于古人类吃草的证据最早见于 280 万年前。440 万年前的拉密达地猿并不吃草。或许南方古猿羚羊河种食用的主要是植物的根和块茎，而非坚硬的草叶。将这些食物添加到饮食中，可能帮助南方古猿离开了在东非的老家，前往乍得湖。问题在于，古人类究竟是永久性地迁徙到了草原上，还是在适合的时期在林地和草原之间来回迁徙？

# 南方古猿源泉种

2010 年，又有一种尘封多年的人类表亲在南非出土，震惊了人类学界。在所有业已发现的南方古猿灵长类动物中，其解剖结构与进化成我们的真正人类最为接近。

在约翰内斯堡附近的人类摇篮世界遗产地，南非约翰内斯堡威特沃特斯兰德大学的李·伯杰及其同事们发掘出了两具南方古猿源泉种的部分骨骼。这些骨骼的年代在 195 万年到 178 万年。

南方古猿源泉种的身体特征比其他南方古猿更接近人类，但其骨骼年代却比最早的人属化石晚了数十万年。对许多人来说，这就意味着南方古猿源泉种不太可能是我们的直系祖先。

在马拉帕洞穴其中一个此前不为人知的洞穴中，伯杰发现了一具 9 至 13 岁的男孩骨骼，还有一具成年女性的骨骼，在这一区域内，此前曾经发现过

13 具人科动物化石。值得注意的是，在迄今为止发现的出自这一时期的南方古猿骨骸中，这具未成年骨骸保存得最为完整，包括大部分头骨，以及一只手臂、一条腿和骨盆的大部分骨骸。这两具骨骸的身高都约为 1.2 米，大脑的体积与类人猿相当，身体与南方古猿非洲种很相似，而南方古猿非洲种被视为人类的一位直系祖先。这两具骨骸有着肌肉发达的长臂和强壮的手，无论是爬树还是行走都非常适合。

人们普遍相信，现代人类谱系是从一群"纤细型"南方古猿进化而来的，或者说是从体态较为轻盈的南方古猿进化而来的，时间上可以追溯到大约 400万年前。然而，完整谱系图的面目仍不清楚。除了 320 万年前那位著名的南方古猿阿法种露西之外，大多数南方古猿及早期人属生物的化石都非常散乱，导致我们很难确定它们的相关特征和彼此关系。

根据这些化石的特征，人们并未在人族谱系中为南方古猿源泉种找到妥善的位置，这一谱系中只包括人类、我们的祖先和已经灭绝的表亲。2010 年，伯杰写道，"南方古猿源泉种极有可能是南方古猿非洲种的后代"，但"要想确定南方古猿源泉种相对于早期人属各个物种的确切系统发育位置，这却是不可能办到的"。

在确定祖先谱系方面，判定时间是个关键问题，因为南方古猿源泉种化石的生活年代晚于最早的人类。它们有可能是一个先前产生了人属的群体中的残余种群，又或者是我们的祖先谱系幸存的姐妹群体。

2011 年年底，伯杰报告称，南方古猿源泉种似乎标志着介于原始"猿人"与我们的直系祖先之间的一个中间阶段。经过一年的详细研究，他们发现这些骨骸在解剖学上的特征犹如一锅大杂烩：某些骨骸看起来几乎与人类的一样，而另一些则像是黑猩猩的。有一个特别令人感兴趣的领域是大脑的大小，即使对南方古猿来说，它们的大脑也是很小的，容量仅有 420 立方厘米。相比之下，南方古猿阿法种尽管年代更早，但它们的大脑平均容量为 459 立方厘米。这表明在南方古猿的进化过程中，大脑的大小并没有发生整体性的增加。但却有证据表明，南方古猿源泉种的大脑经过了巧妙的重组。紧挨在眼睛后面的眶额部区域与其他南方古猿和类人猿的形状不同，可能变更成了与人类更为近似的设计。

第二组观察了南方古猿源泉种的手。它们的手指又细又长，略微有点弯曲，与类人猿的手指十分相似，这使得南方古猿源泉种能够牢牢地抓住树枝。但按比例来说，它们的拇指要比类人猿长得多，这是一种显著的人类特征，可以让南方古猿源泉种精准地抓住小物体。这些手可能曾经制作和使用过石器。虽然到目前为止还没有发现过任何工具，但考虑到存在其他南方古猿使用过石器的证据，那么即便南方古猿源泉种同样使用石器，也不至于令人深感震惊。

其他研究小组则把重点放在了骨盆、脚和脚踝上。他们全都得出了同样的结论：南方古猿源泉种处于南方古猿和人属之间的中间位置。伯杰说，这样一来，化石具有令人困惑的混合性特征也就不足为怪了，他指出，这恰恰是过渡性化石在我们意料之中的表现。

## 吃树皮、水果和树叶

2012 年，伯杰重返战场。他的合作者宣布，他们已经发现了南方古猿源泉种吃什么，其食谱中包括树皮。原来南方古猿源泉种的牙齿卫生状况很差。研究团队从牙齿化石上的牙菌斑中提取出了"植物硅酸体"，即南方古猿源泉种的食物留下的矿物痕迹。他们发现了水果、树皮和木质组织的痕迹。

伯杰很诧异，但灵长类动物学家却并不惊讶。树皮在猩猩的饮食中占据了相当大的比例，其他灵长类动物也会咀嚼坚硬的东西：从川金丝猴到黑猩猩，各种各样的物种在困难时期都会吃树皮。

然而，后来在饮食方面又取得了更令人惊奇的发现。研究团队观察了沉积物样本和动物排泄物化石，即粪化石，借以了解南方古猿源泉种生活在怎样的环境里。他们在沉积物中发现了草原上的草的残余物，而在粪化石中发现了花粉和木质碎片，这表明附近可能有林地。

研究团队随后观察了南方古猿源泉种牙齿里的碳同位素，以确定它们吃的是哪些类型的植物。"C4"标志物是草原植物的典型特征，比如草和它们携带的颗粒物。这些植物将碳固定在一个四碳分子中。"C3"则标志着从树木茂密的环境中寻觅到的水果和树叶。

研究团队本来预计会发现 C4 标志物——这是大多数古人类都携带的特征，也与南方古猿源泉种生活在开阔草原上的证据相吻合。但他们实际的发现恰恰相反。显然，南方古猿源泉种的饮食与其他早期古人类有所不同，但南方古猿源泉种的饮食为什么会如此不同寻常，原因仍是一个谜。

## 何为南方古猿源泉种？

在这两具南方古猿源泉种的骨骸上，人们正不断地发现新的秘密。2013 年发表的一系列研究成果提供了进一步的证据，表明南方古猿源泉种或许可以填补接近于类人猿的南方古猿与我们人属之间的鸿沟。

骨骼分析证实，南方古猿源泉种身上嵌合了古代南方古猿和现代人属的特征。

例如，其牙齿与人类牙齿极为相似。位于大学城的得克萨斯州农工大学的达里尔·德·瑞特及其同事们认为，多数南方古猿的犬齿都大而突出，而南方古猿源泉种的犬齿却很小，与我们的犬齿相似。

这些骨骸还表明，南方古猿源泉种具有人类腰围变细的早期形态。南非威特沃特斯兰德大学的彼得·施密德领导的一个研究团队发现，其下部的肋骨像人类一样向内收。这样一来，腹肌的排列方式就可以提高行走效率。施密德说，人们认为其他南方古猿是没有腰的。

在其他方面，南方古猿源泉种则与早期人类大不相同。马萨诸塞州波士顿大学的杰里米·德西瓦及其同事们发现，南方古猿源泉种的腿和脚是爬树的动物该有的模样。人类的脚是僵硬的，这一点跟其余大多数南方古猿一样。而南方古猿源泉种的脚则要灵活得多，非常适合抓住树干和树枝。

这就构成了一个难题。如果南方古猿在草原上行走的时间比它们的祖先更多，而在树上活动的时间更少，那为什么南方古猿源泉种——它们是所有南方古猿中与人类最为相似的一种——却如此适应在树上生活呢？这可能是因为某些南方古猿又重新回到树上去生活了，或者这有可能是南非更深层次的树栖谱系的证据。

# 4

# 增大的大脑

众所周知，我们所属的物种被称为"智人"。但我们并不是唯一被归入"人属"的物种。第一个人属物种早在280多万年前就已进化形成了，这远远早于人类的出现，他们属于迄今为止曾经存在过的最引人注目的生物之列。首要一点是，他们成为地球上分布最广的动物当中的一部分。

如果用一个词来描述人属的化石记录，那就是"令人困惑"。有许多人属物种往往是根据不完整甚至零碎的骨骼遗骸来加以描述的。围绕着其中哪些可以算作真正的物种、哪些只能算是同一物种内部的变种，人们展开了激烈的争论。相同的化石被不同的研究人员分成了三个不同的物种，这样的情况并不罕见。但如果我们后退一步，就可以把最早的人属生物精减为三个主要物种：能人、直立人和海德堡人。这三个物种在人类进化史中占据了很大的篇幅。

# 起始

能人是已知最古老的人属物种，他们仅限于在非洲活动。2015 年，人们发现了属于这个物种的已知年代最早的化石。这块牙齿发灰的残破颌骨出土于埃塞俄比亚，它表明，人属谱系的出现时间比之前我们以为的要早 40 万年。这块碎片可以追溯到大约 280 万年前，是迄今为止携带着人属标志物的最古老标本，其年代远远早于其他标本。在此之前，在这类化石当中，年代最早的是一块被判定为 240 万年前的化石。

该颌骨化石具备各种混杂的特征。它可能精确地表明了人类开始从近似于类人猿的原始南方古猿向脑容量大的世界征服者转变的时间。地质证据表明，这块颌骨的主人生活的年代就在该地区发生重大气候变化之后不久。森林和水道很快被干旱的草原所取代，只间或还残留着满是鳄鱼的湖泊。除了剑齿虎这类曾经在这些地方游荡过的大型猫科动物之外，这里的环境最终看起来和今天差不多。适应这个新世界的压力可能已经推动着我们开始朝着如今镜中的这副模样进化了。

新出现的人属物种很可能开始摄入更多的肉食、使用更好的工具——2013 年又出土了一块更为精细的颌骨，或许便反映了这种变化。毕竟，如果有了一块可以切割物品的锋利石头，他们就无须再长一张专门用来撕碎食物的嘴了。

## 能工巧匠

能人是已知最早的人属成员之一，生活在大约 180 万年前，能人的意思是"能工巧匠"。能人头骨的重建图原化石来自坦桑尼亚，于 1964 年首次公布，该化石并不完整，仅包含少量变形的碎片。但 2015 年，伦敦大学学院的弗雷德·斯波尔领导的团队进行了一次电脑重建，对这些碎片加以重新排列，并且填补了缺失的部分。这样一来，我们就有可能将该头骨与出自早期人类进化的关键时期的其余化石进行比较。

经过数字化重建的头骨显示，能人与直立人虽然具备一些共同特征，但在其他方面却与生活在大约 320 万年前的南方古猿阿法种（即露西所属的物种）相似。

## 草人

关于人类进化的历程，其中一个经久不衰的故事是这样讲述的：我们的祖先"从树上下来"，然后"搬到了开阔的草原上"。实际上，我们祖先从树上下来的时间比人属出现的时间更早：南方古猿乃至年代更早的地猿显然都在地面上待过很长时间。搬到草原上是后来的事。

尽管如此，200 万年前，人类仍然在非洲的开阔草原上繁衍生息，制造石器，并用石器来猎杀斑马和其他动物。在位于肯尼亚西南的坎杰拉南部考古遗址发现了一些人工制品，提供了有力的证据，人们据此得出了这样的结论。

没有明确的证据表明，在此之前有任何古人类生物与开阔草原有关，或是在开阔草原上觅食。在地质记录中发现的其他早期古人类，如拉密达地猿和南方古猿阿法种，要么生活在茂密的森林里，要么生活在林地、灌木和草地兼备的地方。

坎杰拉南部遗址让我们得以一窥我们祖先的生活，当时他们刚开始适应平原上的生活方式。遗址位于草原环境，食草动物在这里占据着主导地位。检测结果表明，200 万年前，这里 75% 以上的区域都是草地。范围更广的区域内则到处都是斑马、羚羊和其他食草动物，所有这些动物身上都携带着同样足以说明问题的化学信号，表明它们吃的是草。

## 接受肉食

人属出现的开端大约是在 250 万年前，出于另一个原因，这个时间成为一道分水岭。似乎正是在这一时期，我们的祖先从素食者进化成了肉食者。

1999 年，研究人员在动物骨骼化石上发现了一些切割痕迹，年代大约是在 250 万年前。但没人能确定这些痕迹是由食肉的人科动物留下的，因为他们似乎并没有合适的牙齿。然而，2013 年的一项研究显示，较之他们可能性最大的直系祖先——南方古猿阿法种，亦即露西所属的那个物种，人属中第一批成员的牙齿要锋利得多。

吃肉需要牙齿更加适应切割的动作，而不是研磨的动作。切割的能力是由牙齿尖端或牙冠的斜度决定的。有了较为倾斜的牙冠，生物就能食用更为坚硬的食物。早期人属生物骨骼中的牙冠比大猩猩的牙冠斜度更高，大猩猩的食物硬度和树叶、茎干差不多，但它们不吃肉。南方古猿阿法种的牙冠不仅比早期人属的牙冠要浅，而且比黑猩猩的牙冠更浅，而黑猩猩主要食用的是成熟水果等软性食物，几乎不吃肉。换言之，相比于南方古猿阿法种或黑猩猩的牙齿，早期人属的牙齿更能适应较为坚硬的食物。显而易见，肉类有可能就是这样的食物。

这一发现在很大程度上是没有争议的。但有些人类学家提出了一个激进得多的观点：早期人属生物不仅吃肉，而且还会烹饪食物。这意味着他们已经发现了该如何控制火。

烹饪的发明从根本上影响了我们的进化史，这一观点在 2003 年得到了一项现代饮食研究的支持。一个人类学家团队得出了这样的结论：190 万年前，当直立人出现时，人类进化过程中出现了巨大的变化，这只能用这种新发现的烹饪本领来加以解释。直立人是一种与人类更加相似的物种，取得了相当的成功，以至于从非洲一路传播到了印度尼西亚的爪哇。

直立人的体形比他们的祖先要大上 60%，大脑的尺寸也出现了人类有史以来最大幅度的增长。某些专家认为，这种快速增长是由食用生肉摄取到的蛋白质推动的。但长期以来，人类学家理查德·兰厄姆——他供职于马萨诸塞州坎布里奇的哈佛大学——却一直认为，这种变化是由于对植物类食物（比如根和块茎）加以烹饪才引起的。

烹饪的热量会破坏细胞，并将难以消化的纤维分解成提供能量的碳水化合物。因此，烹饪的出现可以解释为什么直立人的肠子更短、牙齿更小，也可以解释为什么早期人类在将食物带回中央烹饪区域时变得更善于交际了。

为了证明这一观点，兰厄姆发现，若想从素食中获得同样的能量，人们需要的生食摄入量相当于熟食的两倍；如果他们的饮食当中除了素食也包括生肉，则需要增加 50% 的摄入量。兰厄姆对德国食用生食的人进行了一项研究，他计算出，一个人如果食用的是未经烹饪的素食，就必须每天消耗相当于其体重约 9% 的热量，才能维持悠闲的现代西方生活方式。这个分量比美国人在感恩节这天平均摄入的量还要多。

### 烹饪的起源：采访理查德·兰厄姆

人类学家理查德·兰厄姆说，让我们成为人类的正是烹饪。他著有《星火燎原：烹饪是如何让我们变成人类的》一书。

问：关于人类的进化，您试图解决的核心谜题是什么？

答：我坐在客厅的火炉旁，开始思考这个问题：我们的祖先最后一次没有火的生活是什么时候结束的？在我看来，以我们的身体形态，没有任何一个人可以在没有火的情况下生活。

问：人类为什么就不能依靠与黑猩猩相同的饮食而生存呢？

答：黑猩猩的食谱差不多就是野苹果和玫瑰果。你不妨试一试到树林里去寻觅水果，看看能不能吃饱了再回来。答案是不能。最大的困难在于营养浓度不是很高。这对人类来说是个问题，因为我们的肠道很短小，容量仅相当于其他大型类人猿的60%。我们的肠道不足以将低质量的食物存放足够长的时间，以对其进行消化。

问：所以烹饪就变成了某种分水岭，让人类得以从与黑猩猩相似的祖先中分化出来？

答：是的，我认为，我们的身体表现出对烹饪的适应性是在190万年前这个时间点。证据就在我们从类似黑猩猩但已经开始直立行走的祖先进化而来时发生的种种变化当中。烹饪增加了能量的摄入。

问：能量摄入增加带来了怎样的结果？

答：最大限度地从食物中获取能量导致我们的大肠缩小了1/3，并显著地扩大了我们大脑的尺寸。这影响了我们的大脑，因为人类是社会性动物，为了在竞争中战胜对手——最终是为了在求偶方面胜出——尽可能地聪明是很可贵的。

## 烹饪之争

"我们的早期祖先就会烹饪食物"这一理论面临的主要障碍是缺乏令人信服的证据，以证明在100多万年前古人类就能控制火。到了2011年，这个问题变得更加棘手了，当时出现的证据表明，人类是直到非常晚近的年代才开始控制火的。

一项关于欧洲炉灶的考古学研究表明，即便是最古老的炉灶，也仅有40万年的历史。这一发现表明，在向气候寒冷的北方地区扩散时，人类并没有借助火的温暖，烹饪也并非促使我们的大脑增大的进化触发因素。

关于史前用火现象，许多所谓的有力证据，如烧焦的骨头碎片或木炭块，未必就意味着早期人类能够控制火。举例而言，我们善于观察的祖先可能只是利用了闪电偶然引发的野火而已。

为了设法确定在控制用火方面年代最早的证据，研究人员重新审视了来自欧洲一百多处遗址的数据。他们在寻找不太可能属于自然产生的火的证据（比如在洞穴里使用的火），以及表明火的使用在人为控制之下的线索，其中包括类似制造沥青这样的活动：一些早期古人类通过灼烧桦树皮来制造这种黏性物质，并用它将燧石碎片粘到木柄上，好让石器更加便于使用。

研究人员得出的结论是：欧洲最早的炉灶年代可以追溯到40万—30万年前。尽管这项研究只调查了欧洲的遗址，但在众多其他遗址中证明人为控制用火的证据仍然存在争议。有些人认为，南非的斯瓦特克朗遗址就存在着来自160万年前的证据，体现为数百块烧焦了的骨头。但这可能只是偶然产生的自然之火，被人们加以利用过而已。事实上，在年代早于40万年前的遗址中，仅有一处遗址中存在关于人为控制用火的有力证据：地中海东岸的亚科夫女儿桥（Gesher Benot Ya'aqov）遗址有78万年的历史，人们在那里发现了烧焦的燧石、种子和石器。

这一结论质疑了兰厄姆的假说，即人类大脑体积的增加与烹饪的发明紧密相关。然而，此事并没有就此结束。2012 年，另一项研究提供的证据表明，至少在 100 万年前，就已经出现了人为控制用火的现象。

南非的旺德维克洞穴里没有明显的炉灶，因此，研究人员转而采用了显微镜分析，以此来研究洞穴底部的沉积物。在形成于 100 万年前的沉积层中，他们发现了一些证据，即灰烬和烧焦的骨头留下的痕迹。烧焦的痕迹遗迹距离现在的洞口有 30 米远，所以不太可能是野火的产物。更有可能是古人类把火带进了洞穴，多半就是直立人。烧焦的骨头碎片中包括零星的乌龟骨头，这表明（但不能证明）直立人正在烹饪食物。

然而，这很难算作兰厄姆烹饪假说的最终证明。火在这处洞穴中留下的痕迹微乎其微，而在年代晚近得多的有人类居住过的遗址中，则发现了用火产生的大量灰烬，二者形成了鲜明的对比。这就表明，直立人尽管牙齿很小、大脑很大，却并没有规律性地用火，或者烹饪食物并非其日常行为。

## 直立人离开非洲

无论"早期人属物种学会了烹饪食物"这一说法的真实性如何，很显然，其中有一个物种确实做到了祖先和表亲们谁都没有做到的事。

从土根原初人到南方古猿，所有的古人类都仅限于在非洲活动。在其他地方并没有发现过他们的化石。

但随着直立人的崛起，这一切都发生了改变。这个物种的第一块化石根本不是在非洲发现的，而是在印度尼西亚的爪哇，因此，它早期才有了"爪哇人"这个绰号。很明显，有些直立人成功地迁徙到了非洲之外，散布到了欧洲和亚洲的大部分地区。然而，与现代人类相比，直立人的大脑很小，只能制造最简单的工具。这表明，他们走向全球无须借助卓绝的智慧。

非洲以外地区最好的直立人化石有一些来自格鲁吉亚的德马尼西。其中包括生活在180万年前的一名直立人的整个头骨，这是迄今为止发现的年代最早、保存最完整的标本。

### 走出非洲的年代甚至比这更早？

有初步的证据表明，古人类离开非洲的时间比人们认为的还要早，甚至可能早在直立人进化形成之前，但这仍然只是少数人的观点。

2016年，根据对石器和三块带有切割痕迹的牛骨所做的分析，科学家声称，在260万年前，印度就已经有人类生活了。在印度新德里以北大约300千米处的锡瓦利克山上，研究人员发现了这些人工制品。构造活动在此地暴露出了一块至少已有260万年历史的基岩，而这些骨头和工具就位于其表面。研究团队对骨头上的切割痕迹进行了检查，发现这些痕迹是由石器造成的。以此为基础，他们声称，古人类在260万年前就已经生活在那里了。

乍看之下，这些发现表明，我们的人属在早得多的时候就已迁徙到了亚洲。还有另一种可能性，即年代更早、近似于类人猿的南方古猿既生活在亚洲，也生活在非洲，但相关证据不足。尤其有一点是有问题的：这些石器和骨头是在岩石表面发现的，而不是在可以确定年代的岩层中。

# 与尼安德特人相关的一环

第三个关键的人属物种是海德堡人。这一物种生活的年代相对较近，在 70 万—20 万年前。一般认为，他们是由年代更早的直立人种群进化而来，并产生了现代人类，以及我们的表亲尼安德特人和丹尼索瓦人。因此，这个物种被认为是一块至关重要的跳板，是现代人类以及我们的近亲尼安德特人（见第 5 章）的祖先。

直观上而言，这样的说法在一定程度上是说得通的，因为确有证据表明，海德堡人在他们所处的时代是非常先进的。例如，2012 年，考古学家发现了年代最早的石尖长矛的迹象。南非的发现表明，率先使用这种长矛的并不是我们这一物种，也不是尼安德特人，而是海德堡人。

与此相一致的是，在德国舍宁根附近有一处 40 万年前的遗址，人们在那里发现了与 19 匹马的遗骸有关联的木制长矛。这似乎表明，海德堡人曾在此地实施过一次精心策划的伏击。

还有吸引人的证据表明，海德堡人对残疾人有所关照。2010 年，考古学家勾勒出了迄今为止发现的年龄最大的远古人。他是一个生活在 50 万年前的海德堡人，去世时年约 45 岁。他的骨盆和下半截脊椎骨出土于西班牙北部的阿塔普埃尔卡山脉，随后被命名为"埃尔维斯"。埃尔维斯年纪太大了，无法再打猎，而且腰背下半部疼得厉害。他的脊椎向前弯曲。为了保持直立的姿势，他甚至可能曾经使用过拐杖，就像今天的老人一样。

既然埃尔维斯的身体如此虚弱，这一事实就表明，与他同时代的人必定曾经照顾过他。他在体力上必定不算健旺，但他或许拥有宝贵的知识，可以与群体当中的其他成员共享，好帮助他们生存下来。与此相吻合的是，在 2009 年，同一支研究团队曾报告过来自阿塔普埃尔卡的证据，证明同一群体还曾照顾过一个 12 岁的颅骨畸形儿童。

## 遭到质疑的祖先身份

近年来，人们已经可以从保存下来的古人类骨骼中读取 DNA 了，而一系列这样的研究让有关海德堡人的传统说法遭到了质疑。

2016 年，科学家们描绘了迄今为止进行过测序的年代最早的人类细胞核 DNA。这个 43 万年前的 DNA 来自阿塔普埃尔卡山脉"白骨之坑（Sima de los Huesos）"中的神秘早期人类化石。DNA 显示的是正在形成中的尼安德特人。白骨之坑化石看似来自尼安德特人的祖先——尼安德特人是在大约 10 万年之后才进化形成的。但令人困惑的是，2013 年的一项研究发现，化石中的线粒体 DNA 更接近于丹尼索瓦人的（参见第 5 章），而丹尼索瓦人的生活年代同样比他们晚，而且居住在几千千米之外的西伯利亚南部。

那么，白骨之坑中的化石究竟是谁的？他们与我们又是什么关系？为了找到答案，遗传学家们从一颗牙齿和一根大腿骨上获取了样本，从中提取出白骨之坑古人类化石的部分细胞核 DNA，将其拼凑到一起。结果表明，这一古人类化石与尼安德特人祖先的关系比与丹尼索瓦人祖先的关系更为密切，也就是说，在 43 万年前，尼安德特人和丹尼索瓦人必定就已经发生了分化。这比遗传学家料想的时间要早得多。

这一发现同样也改变了我们人类自身形成的时间线。我们知道，丹尼索瓦人和尼安德特人拥有一个共同的祖先，是从我们现代人类的谱系中分化出去的。最新的细胞核 DNA 证据显示，这种分化可能早在 76.5 万年前就发生了。

传统观点认为，现代人类、尼安德特人和丹尼索瓦人都是由海德堡人进化而来的。然而，海德堡人却直到 70 万年前才进化形成——可能比现代人类与尼安德特人和丹尼索瓦人发生分化的时间要晚了 6.5 万年。如此一来，反倒可能是另一个被称为"先驱人（Homo antecessor）"的名不见经传的物种会作为我们的共同祖先出现在这个框架中了。这个物种最早出现的时间是在 100 多万年前。

即便海德堡人不是我们的直系祖先，似乎也与我们的祖先关系非常密切。

## 发现纳莱迪人

还有一个人属物种需要讨论，那就是神秘的纳莱迪人。纳莱迪人是直至 2015 年才发现的，而且相关的研究进展神速——事实上，由于其进展速度极快，本书中的这一部分内容很可能在短短几年之内就会过时，比其他章节的过时速度更快。

这件事要从南非的新星洞穴系统开始说起。2013 年 9 月 13 日，两名洞穴探险者史蒂文·塔克和里克·亨特进入了迷宫般的黑暗通道中。他们两本来希望能发现此前从未有人踏足过的洞穴通道。塔克和亨特爬上了一道名为"龙脊"的狭窄山脊，两侧各有 15 米的落差，他们来到了一间洞室，还以为进了死胡同，但是他们往下一看，却发现了一条狭窄的滑道，通向另一间洞室。

塔克先进去。他沿着滑道下滑了 12 米，穿过另一间洞室的顶部，向下到了地面上。这间洞室只有 3 米宽。一条狭窄的通道从这里通向另外一间洞室，宽度刚好可以容他通过，于是他便叫亨特过来与他会合。他们缓慢地穿过通道，进入了隔壁洞室，此时塔克最先看到的是另一条通往外面的通道，然后才是从洞底伸出来的遗骨。

威特沃特斯兰德大学的古人类学家李·伯杰（即南方古猿源泉种的发现者，详见第3章）一直在请洞穴探险俱乐部让其成员留意寻找化石。所以，当塔克和亨特发现了一块带有看似人类牙齿的颌骨时，他们先拍下了几张照片，然后才继续往前走。

三天后，两人来到了伯杰位于约翰内斯堡的办公室。看到这些照片时，伯杰惊诧万分。他立刻便知道，这块骨头不属于智人。一个星期还没过完，伯杰就动身去看那个洞穴了。出于身材原因，他没办法钻进那条滑道，于是就让十几岁的儿子马修·伯杰与亨特和塔克一起进入了现今所称的"迪纳莱迪洞室"。当马修·伯杰见到这些骨头时，他的双手开始颤抖，过了好几分钟，他才将手稳住好拍照。

短短几天后，亦即10月6日，李·伯杰便在脸书上发布了一份呼吁书，召集古人类学家，最好具备洞穴探险技能，身材矮小者尤佳。不出数日，他便招募到了一干人等，探险就此开始了。

## 揭开纳莱迪人的面纱

两年后的2015年9月，伯杰和他的同事们发表了第一批研究成果。这些遗骸属于我们人属中一个此前不为人知的早期物种，他们将其命名为"纳莱迪人"。

这个物种具有独特的混合特征。如果观察其骨盆或肩膀，人们会认为这是与类人猿相似的南方古猿，生活在400万—300万年前，但如果观察足部，可能又会认为它属于我们这个在过去50万年间才出现的物种。不过，它的头骨清楚地表明，它的大脑尺寸还不及我们人类的一半，更像是生活在200万年前的某些人属物种的大脑。

研究团队将该化石的混合特征称为"解剖嵌合"。以前，在南方古猿源泉种，即伯杰于 2008 年发掘出的那种生活在 200 万年前的古人类身上，我们也曾见过这样的嵌合现象。南方古猿源泉种混杂着各种古代和现代特征，尽管人们可能会将其归为人类进化史上偶发的怪异现象，但新发现却说明，这种"嵌合现象"在早期人类中并非特例，而是规律。

对于应当如何解读代表着从南方古猿向人属过渡的其他早期人类化石，这一发现对我们具有启示意义。这些化石一般只是少量的碎片，而不是完整的骨骸，这或许不足以让我们了解其所处的位置。

从这一发现中，我们还可得出另一种可能的结论。骨骸的数量之多及其所处的位置暗示着令人震惊的信息：遗骨所属的尸体似乎是被故意留在洞穴里的。在这样的原始人类身上还从未见过这种现象，这对于理解现代人类行为的起源可能具有重大的意义。

除了几块啮齿动物的化石，以及一只可能是误掉入迪纳莱迪洞室里的猫头鹰遗骸，这里没有任何其他的脊椎动物种化石。怎么会这样呢？研究人员认为，只有一种情况解释得通，即纳莱迪人是故意把死者尸体放在洞室里的。也许这些尸体是从那条滑道里被轻轻扔下来的，研究人员从这条通道里挤进来，发现了遗骨。

这种现象是有先例的。在西班牙的白骨之坑，人们就在一个深坑里发现了 28 具古人类骨骼。但那些古人类的大脑容量很大——他们的外观和行为都与我们十分相似。而纳莱迪人的大脑尺寸还不及我们的一半。

### 纳莱迪人的年代

两年后的 2017 年 5 月，伯杰与他的团队发表了大量新的研究结果。在新星洞穴系统的第二间洞室——莱赛迪洞室中，研究团队又另外发现了 130 多块古人类的骨骼和牙齿。这些纳莱迪人遗骸分属至少 3 个个体，其中有许多骨骼和牙齿均同属于一具相当完整的成年人骨骸，该骨骸被命名为"尼奥"。

也许更重要的是，研究团队还首次计算出了迪纳莱迪洞室内的纳莱迪人遗骸的年代：介于 33.5 万—23.6 万年前。这个年代范围具有重要的意义。如此一来，与我们这个物种在非洲其他地方开始出现的时间相比，纳莱迪人出现于南非大陆的时间就要略早一些，而人们原本认为在这一时期，脑容量小的古人类早已从非洲大陆上消失了。

纳莱迪人遗骨的年代还正好处于古人类化石记录普遍较少的一段时期。我们知道，在 200 多万年前，有好几个古人类物种明显曾共存于非洲，而在过去 10 万年左右的时间里，有若干古人类物种似乎也曾在欧亚大陆各地共存过。如今看来，在 25 万年前左右这段时间似乎还存在着多样性。

然而，纳莱迪人在人类谱系中所处的位置目前还不太清楚。依据其现代的手和脚，全面的进化论分析或许可以得出这样的结论：纳莱迪人与其他人类发生分化的时间相对较晚。这就意味着它起源的年代很近，然后由于活动范围与世隔绝，便进化出了貌似更为原始的面目。

例如，非洲南部可能与非洲大陆的其他区域相对隔绝，纳莱迪人的谱系面临的来自其他人类物种的竞争相对较小。这可能会减轻生长和维持大容量大脑的压力。如果骨骼不再需要承受硕大而沉重的头骨的重量，那么臀部和肩膀所呈现的特征或许就会发生返祖现象，变得与那些脑容量小的古人类更为相似。

但其他人也有充分的理由相信，纳莱迪人是真正的早期人类——只不过一直存活到了相当晚近的年代，近得令人诧异。这有可能是迄今为止发现过的最原始的早期人属生物。该物种可能在 200 多万年前就已进化形成，是最早的

"真正"人类之一，然后存续了数十万年而没有发生改变。纳莱迪人或许是一种"活化石"，是人类中的"腔棘鱼"。腔棘鱼是一种原始鱼类，它的祖先最早出现在 4 亿年前，但至今在海洋中仍有发现。换言之，在某些情况下，在进化方面还十分原始的人类物种或许能够生存数十万年。

这将会颠覆前文中提到的模型。与其说非洲南部是一处与世隔绝的进化死胡同，倒不如说这里其实或许是人类进化的动力之源——许多人类物种（可能也包括我们自身）最早出现的地方。

然而这只是猜测。还有一个问题：纳莱迪人最后怎么样了？这个问题暂且还没有答案。但如果这些化石确实仅有 20 万—30 万年的历史，那么至少有一种可能，我们这一物种大约正是在那一时期在非洲进化形成的。如果那些早期智人在不久之后到达了非洲南部，那他们有可能促成了纳莱迪人的灭绝。

这种现象同样也是有先例的。世界其他地方的化石记录显示，智人离开了非洲，逐渐散布到了欧亚大陆各地。与此同时，智人到达了已经有古人类——如尼安德特人和印度尼西亚"霍比特人"——居住的地区。在智人到达这些地区后的几千年里，本土的远古人类物种便消失了，显然是在竞争中被智人击败了。

纳莱迪人或许是由于我们这一物种的扩张而走向灭绝的最古老的远古人类物种。

### 搜寻古人类

近年来，李·伯杰这位古人类学家发现了两个新的人类祖先物种。其一是南方古猿源泉种，对从事这一行的大多数人而言，这正是他们梦寐以求的那种千载难逢的发现。如果伯杰当初也采取传统的做法，那他可能就会将之后的职业生涯都围绕着对南方古猿源泉种的分析来展开。

　　但是，作为一个以南非为家的美国人，伯杰并没有要遵循传统的想法。他确信，还有更了不起的发现在等待着他，尤其是在遍布乡间的那些富含石灰石的古老洞穴里。他招募了当地人来帮忙搜索，2013年，他们幸运地有所发现：在新星洞穴系统深处的两个洞室中，有数百块来自另一种未知物种的遗骨，他的团队将其命名为"纳莱迪人"。这一次，这一事件引起了巨大轰动。

　　迄今为止，他的团队已经发现了至少18具不同年龄的纳莱迪人骨骸。这是一座巨大的宝藏，尤其是因为许多古人类物种仅有少量的骨头现存于世。"人们确实认为这些化石实属罕见，"他说，因此发现这些化石的人便不愿与他人分享这些珍贵的研究对象，"但它们其实并不像我们曾经以为的那么罕见，是我们找错了地方。"当伯杰被问及他可能会留下的科学遗产时，他的回答也与这样的看法相一致。他答道："50年后，人们可能会认为，从这一时刻开始，我们的学科将成长为一门以证据为基础的科学。"

# 5

# 我们最亲的近亲

我们所属的物种是在过去 50 万年间的某个时候出现的，但我们并不孤单。当时至少还存在着一些更古老、更"原始"的物种，比如纳莱迪人。更重要的是，其他几个古人类物种也已经进化形成。这些物种算不上原始：至少有一个例子，尼安德特人就几乎和我们一样聪明能干。事实上，我们的祖先甚至可能都没有发觉彼此之间的区别，即使他们意识到了区别，这也并未阻止他们与这些远亲发生性行为。

# 尼安德特人的才智

在业已灭绝的人科动物中，最著名的就是尼安德特人，他们所受的误解也最深。1856 年，在德国出土了第一具身体强壮、眉骨很低、胸腔与黑猩猩相似的类人猿化石，自此以后，尼安德特人就引起了人们的兴趣也受到了人们的蔑视。德国病理学家鲁道夫·维尔绍判定，这些骨头属于一个受伤的哥萨克人，低眉骨反映的是多年来由于疼痛而皱起的眉头。法国古生物学家马塞林·布列则承认该化石来自古代，但对于他研究的标本患有关节炎的迹象，他却视而不见。正是他重建了那个弯着膝盖、蹒跚而行的丑陋形象，这一形象至今仍潜藏在大多数人的心中。爱尔兰地质学家威廉·金发现这种生物与类人猿极为相似，于是考虑将其归入一个新属。最后，他仅仅将其降级归入了一个独立的物种——尼安德特人。

自此以后，世人又发掘出了数百个尼安德特人的遗址。这些遗址表明，尼安德特人曾经占据现今欧亚大陆的大部分地区，从不列颠群岛到西伯利亚，从红海到北海，各处都有他们的踪迹。在这里长达 20 万年甚至更长时间的气候混乱期中，他们存续了下来，或许直到短短 3 万年前才最终消失。

随着若干曾被视为我们所独有的能力一个接一个地与他们联系在一起，长期以来认为尼安德特人不如智人的观点正在改变。更重要的是，这两个物种显然有过交集：2010 年公布的尼安德特人基因组表明，这两个物种曾经发生过杂交。事实上，我们与尼安德特人有 99% 以上的基因都是相同的。

如果说我们的祖先并不争斗，而是互爱，那么，同样的说法可并不适用于研究他们的研究人员。有些人认为，尼安德特人的思维方式、说话方式都和我们一样，也用音乐、装饰品和符号来丰富他们的世界，这些人抓住这些新发现不放。甚至有人认为，我们与尼安德特人属于同一物种。然而，也有一些人进行了激烈的争辩，认为尼安德特人的才智根本无法与我们的祖先智人相匹敌。令人惊讶的是，他们同样也援引了最新的基因证据来佐证这一观点。那么，尼安德特人究竟是曾经与我们平起平坐，还是又一个衰败了的古人类物种呢?

最先出现的一些有利于修正主义阵营的证据来自尼安德特人的生活方式，他们的生活方式与早期的现代人类表现出了相似之处。例如，我们知道，除了占据洞穴和悬崖外，尼安德特人还建造过容身之所。在法国的两处遗址发现了使用木桩和柱子而打的洞，尼安德特人很可能用木桩和柱子来支撑棚屋。6万年前的无数炉灶表明，尼安德特人也会控制火。他们可能还是最早在篝火旁演奏音乐的人。目前已知最古老的乐器是伊万·图尔克发现的，他将其归于尼安德特人，不过怀疑论者认为，在斯洛文尼亚的迪维·巴贝发现的那根4.3万年前的骨制"长笛"只不过是一头洞熊的股骨，被野生动物在上面打了洞而已。

还有证据表明，尼安德特人也穿衣服。而且有人提出，就像今天的传统因纽特人一样，尼安德特人也用牙齿来软化兽皮。

起初，人们认为尼安德特人仅仅是食腐动物，但现在情况已经很清楚了，他们猎杀令人生畏的猎物，包括犀牛和成年猛犸象。尼安德特人还根据环境来调整狩猎策略，在森林中伏击独行的猎物，在大草原上跟踪野牛和其他群居动物，在岸边则捕捉鸟类、兔子和海鲜。

尼安德特人的这些可以追溯到30万—3万年前的工具，需要具备计划性、专注力和高超的技能才能制作得出来。需要精心备好一个石芯，锤石的最后一击才能造出预先构想的燧石片工具。尼安德特人甚至还制造和使用过由多种材料制成的复合工具，包括大约12.7万年前的最早的长柄矛。有来自8万年前的证据表明，尼安德特人曾用加热过的桦木沥青制造出了一种胶状物，可以把石尖粘在矛柄上。

过去人们普遍认为，尼安德特人在其所处的时代末期出现的技术进步只是简单地模仿了早期现代人类，但对意大利南部若干 4.2 万年前的尼安德特人遗址的研究驳斥了这一观点。至少在那些遗址所在之处，尼安德特人发明了一系列石器和骨器，与生活在更北边的早期人类所使用的工具截然不同。尽管尼安德特人一直被定性为不懂变通，但许多研究人员现在承认，他们确实有所创新。

人们也普遍承认，尼安德特人埋葬过他们中的死者。公认年代最早的智人墓葬是地中海东岸的卡美尔山上的斯虎尔洞穴，距今约有 12 万年。在几处遗址都发现了尼安德特人的墓葬，包括法国的拉沙佩勒奥圣，年代大约在 6 万年前，其中的"老者"与彩色泥土合葬。还有乌兹别克斯坦的特希克－塔什，年代约在 7 万年前，其中一个 9 岁男孩下葬时，身边环绕着野山羊角。在伊拉克的沙尼达尔洞穴中发现了葬有 10 个个体的坟墓，大约也是出自同一时期。美国自然历史博物馆的伊恩·塔特萨尔著有《灭绝的人类》一书，他指出，有一处墓葬表明，在其中一个受伤的个体去世之前，其他尼安德特人曾经照顾了其多年，这提供了"有力的推断证据，表明在这一社会群体中存在同理心和关怀，也可能表明尼安德特人具有复杂的社会角色"。

沙尼达尔也是著名的"花葬"所在地。在这个墓穴中有高浓度的药用植物花粉，这有时会被人当作证据，用来证明尼安德特人具有巫教和仪式性的葬礼习俗。尽管这种解释存在争议，但其他证据也已证明，尼安德特人具备象征性思维的能力。

2010 年，研究人员报告称，他们在西班牙的两个洞穴中发现了穿孔的海贝、红黄二色颜料，以及由几种颜料混合装饰过的贝壳，其中一个洞穴距离大海 60 千米。他们声称，这表明尼安德特人曾用象征性的人工制品来装饰自身，而且，既然这些物品的年代可以追溯到 5 万年前，当时现代人类尚未到达该地区，那么它们也代表了尼安德特人可以独立创新。

象征性思维常与人类的另一项典型特征联系在一起，那就是语言。纽约哥伦比亚大学的拉尔夫·霍洛维认为，尼安德特人会说话。他研究了数百个尼安德特人头骨化石的大脑铸型，发现即使考虑到他们庞大的体格，他们的脑容量仅仅相当于现代人类的百分之几，而且，尽管他们的额头是倾斜的，但他们的额叶和语言区域却与我们很相似。

除了这些身体上的线索之外，基因测试还表明，尼安德特人拥有一种名为 FOXP2 的基因，而这种基因与人类的语言存在关联。与此同时，来自地中海东岸的凯巴拉洞穴的化石表明，尼安德特人的舌骨——一种位于颈部的 U 形骨，用于固定关键性的语言肌肉——与我们人类的舌骨差不多。

语言学家菲利普·利伯曼任职于罗德岛普罗维登斯的布朗大学，他也同意尼安德特人具备语言能力的观点。不过他认为，在大约 5 万年前，无论是尼安德特人还是现代人类，都无法发出我们今天所能发出的全部声音。利伯曼研究了从 160 万年前的直立人到 1 万年前的智人的头骨，他总结说，这两个物种都发不出"看"（see）、"做"（do）和"妈"（ma）中包含的元音。鉴于这些不断积累的证据，许多人类学家现在认为，尼安德特人很可能具有与现代人类相当的智能。

读者诸君或许认为此事必定已经有了定论，但某些研究人员仍然不同意这种全面的重估。早在 50 万年前，尼安德特人和现代人类就已分道扬镳，在欧洲和非洲各自分别进化。累计起来，这代表了 100 万年的进化历程。考虑到这一点，我们可能会认为二者的大脑应该有所区别，从而也会存在认知差异。

首个尼安德特人基因组于 2010 年公布，为这一观点提供了一些佐证。尽管今天的人类和尼安德特人的基因组之间存在的差异不到1%，但这个比例可能等同于数百个基因突变。

尼安德特人可能存在细微的认知缺陷。有人曾说，尼安德特人的生活方式几乎没有表现出什么前瞻性的规划，他们的工作记忆能力比不上现代人类，这就限制了他们在任何给定的时刻所能处理的信息量。英国雷丁大学的考古学家史蒂文·米森承认，尼安德特人具有了解自然世界、处理材料和进行社会交往的现代能力。然而他认为，尼安德特人缺乏"认知流动性"和"隐喻能力"，以便将这些领域关联到一起，这就导致他们无法制造出复杂的象征物。

然而，在这一时期的大部分时间里，早期的现代人类也并不具备那样强大的创新性。一直到大约5万年前，早期的现代人类所取得的成就与尼安德特人几乎相差无几。但到了这个时间点，早期的现代人类却绝尘而去，经历了一场象征性活动的"大爆炸"，其中的典型代表有经过雕琢的塑像、精心制作的墓葬、大量的个人装饰品，以及最终出现的精美洞穴壁画。也许，当进入欧洲时，现代人类已经拥有了更强的技术、更好的社会组织和更优的大脑。

### 惊人的天赋

随着时间的推移，尼安德特人曾经展现出的能力也逐年增加，其中包括某些惊人的技巧。例如，在考古记载中，年代最早的绳子的证据似乎便是来源于尼安德特人。

易腐的材料通常会腐烂消失，所以有记载的最古老的绳子仅能追溯到3万年前。但在法国的尼安德特人遗址中，出土了一些小石头和由牙齿制成的人工制品，上面的穿孔表明，这些物件是穿在绳子上作为吊坠佩戴的。在带有穿孔的贝壳上也发现了类似的间接证据。

这种有着 9 万年历史的材料据称就是绳子，远早于智人抵达欧洲。这就表明，居住在这处法国遗址的尼安德特人学会了自己制作绳子，而并非模仿现代人类。

尼安德特人也具备了捕鸟为食的脑力和计谋——许多人原本假设他们不具备这项技能。2014 年，在直布罗陀的哥勒姆洞穴发现了一些骨头，表明尼安德特人曾猎杀过野鸽，即岩鸽，他们可能是通过攀爬陡峭的悬崖到达鸽巢的。鸽子的骨头被埋在距今 2.8 万年至 6.7 万年前的沉积物中。大部分出土的岩层都可以追溯到只有尼安德特人居住在这一地区的时期，比大约 4 万年前现代人类到达这里的时间要早。这就意味着这些鸟只可能是由尼安德特人捕捉到的。

## 最早的艺术家？

说到直布罗陀的哥勒姆洞穴，在该洞穴地面上的一个地方有若干划痕，它们看起来就像一个标签，或者是石器时代的井字游戏。没有人确切地知道这些划痕的真正含义。但有两件事似乎相当清楚：这些划痕是某个尼安德特人的作品，而且是在 4 万多年前刻意刻下的。

这些蚀刻出的印记是由直布罗陀博物馆的克莱夫·芬莱森和他的同事们发现的，发掘出岩鸽遗骨的也是他们这个团队。有一层厚厚的黏土紧贴在岩石上，黏土上散落着尼安德特人的工具，以及他们燃过的火留下的残迹，黏土层的年代告诉我们，这幅蚀刻图完成的时间至少是在 3.9 万年前。

有一点似乎很显然：该蚀刻图是有意而为之。芬莱森的同事、来自波尔多大学的弗朗西斯科·德埃里科进行了若干实验，以确定划痕是否有可能是意外形成的。他用尼安德特人的两种石尖作为笔，用一块与洞穴地面完全相同的岩石作为画布，需要划上一百多笔才能准确地重现该图案。

众人意见的分歧在于其中的含义。有人说，蚀刻图是代表某种描述的抽象符号，这支持了尼安德特人有能力进行精妙的象征性思维的观点。其他人则仍有待说服。

此后，研究人员又描述了某些大不相同的尼安德特人遗迹的证据：一组石头结构。布鲁尼科尔洞穴位于法国西南部的图卢兹附近，在其中一间洞室中，距离洞口336米的地方有一些神秘的结构——其中包括一个直径7米的环——是用从洞穴底部取下的石笋搭建而成的。天然石灰岩的增生已经开始覆盖其中的部分结构，所以，通过为这些增生部分定年，研究人员便可计算出石笋结构的大致年代。它们大约有17.5万年的历史，当时，尼安德特人还是该地区仅有的古人类。

至于尼安德特人为什么会建造这些环状结构，如今我们只能猜测，但他们建造了环状结构这一事实却为我们提供了一个难得的机会，让我们得以一窥他们在充满挑战的环境中在社会组织方面的潜力。

## 大灭绝

关于尼安德特人灭绝的原因，似乎人人都有不同的看法。

那些将尼安德特人视为劣等物种的人猜测，早期的现代人类更聪明、更健谈、更合群、适应性更强，即便二者没有发生直接对抗，早期的现代人类在资源利用、组织性和繁殖成功性方面也胜过了尼安德特人。

也有一些人相信尼安德特人和早期人类同样聪明，他们往往会把气候变化、自然灾害和累积而成的文化差异作为这一物种灭绝的原因。在2009年出版的《走向灭绝的人类》一书中，芬莱森认为，尼安德特人依赖于近距离伏击的狩猎方式，这在被森林覆盖的欧洲固然不错，但当森林面积缩小时就会出现问题。随着栖息地的减少，在诸如疾病和竞争等威胁面前，尼安德特人就变得脆弱起来。

当然了，尼安德特人也可能只是运气不好。

也许，首先要解决的问题是尼安德特人是何时灭绝的，因为这应该可以帮助我们排除少数可能性。2014 年，人们对主要的考古遗址做了一次重新评测，结果显示，尼安德特人早在 3.9 万年前就消失了，而不是像许多人以为的那样，直至 2.3 万年前才消失。而且，我们看似与尼安德特人在同一片领地上共同生活了 5000 年，随着我们在欧洲各地的扩张，我们逐步取代了他们。

这似乎印证了是我们的直系祖先把尼安德特人赶尽杀绝的这种观点。

进行重新评测的研究人员采用了经过改进的技术，为来自欧洲 40 个关键遗址的材料进行了定年，跨越了从人类到达欧洲到尼安德特人消失的这段时期。每一个可能或确定的尼安德特人遗址都至少已有 4 万年的历史了。换言之，在大约 3.9 万年前，尼安德特人就已经基本（或者彻底）从已知的活动范围内消失了。某些尼安德特人的手工制品据称仅有 2.3 万年的历史，但研究团队无法从中得出任何确切的年代，所以，即便尼安德特人有可能存活到了较晚的时间，也没有相应的确凿证据。

但这并不代表我们谋害了我们的近亲。没有证据表明人类曾经杀害过尼安德特人，二者可能也不经常见面。那么，我们在其中扮演了怎样的角色呢？现在有许多人猜测，对这个已经风雨飘摇的物种而言，我们成了压垮他们的最后一根稻草。根据 2009 年对尼安德特人的遗传物质所做的一次分析，在他们那 40 万年历史当中的大部分时间里，尼安德特人的数量都很少，彼此相距也颇为遥远。

这个结论并不令人感到震撼。考古发掘表明，尼安德特人几乎没有生活在大城市的。仅仅根据 DNA 来确定一个物种的种群数量是很难的，但无论是在哪个时期，这些在欧洲和亚洲游荡的古代人类的数量都不到几十万。

最明显的一点是尼安德特人的遗传异质性相当之小。在西班牙、克罗地亚、德国和俄罗斯发现的 6 个尼安德特人，其线粒体基因组在 1.6 万多个字母中仅有 55 个位置存在差异。这一数值仅相当于现代人类线粒体多样性的 1/3。由于这种低多样性，尼安德特人的种群必定相对很小。

研究人员分析了若干骨骼样本，基本都出自大约 4 万年前，当时尼安德特人的时代正在走向式微。研究人员可能已经获得了一个濒临灭绝的物种的基因概貌。然而，其他的基因线索表明，在其历史上的大部分时间里，尼安德特人的种群数量都保持在低水平上。

## 狼的力量

美国古人类学家帕特·希普曼认为，我们之所以成功地取代了尼安德特人，有一个关键因素就是我们与一种会摇尾巴的"武器"建立了伙伴关系，这种武器就是家犬。多亏有了狗，我们可能比尼安德特人更擅长狩猎。

直到最近，才有人认为家犬是在大约 1.5 万年前出现的。不过，2009 年，一个研究团队开始研究用统计学方法来区分狗和狼的不同。这两种犬科哺乳动物极为相似，以至于它们可以杂交，而且也确实存在杂交情况；二者无法通过简单的遗传或生理特征来加以区分。然而，通过对头骨形状所做的复杂分析，我们便能可靠地将狼、现代狗以及公认的史前野狗区分开来。通过分析更多的犬科动物头骨化石，研究团队识别出了一组类似于狗的古代动物，形态介于狼和史前狗之间。希普曼称它们为"狼－狗"，这并非由于她将其视为狼和狗的杂交品种，而是因为要确定它们到底属于哪个类群并不容易。

无论狼－狗是什么，它们都不同于当代的狼。对它们的骨骼进行的化学分析表明，它们的饮食与同一地点的人类或狼都有所不同。狼－狗的线粒体 DNA 与其他任何一种犬科动物的都不同，较之其他现代狗和狼及两者化石中的线粒体 DNA 显得非常原始。

迄今为止确认的年代最早的狼－狗已经有 3.6 万年的历史了，比人们料想中家养动物的历史要长得多。所有已知的狼－狗都生活在由人类创建的遗址，而非尼安德特人所在之处。尽管以前猛犸象在考古遗址中很少见，但在这些遗址中，却有数十块甚至数百块长毛猛犸象的遗骨。有些猛犸象显然是被猎杀的，它们的骨头经历了宰杀、剥皮，被烧焦了。这些遗址中包含了用猛犸象骨建造的炉灶、工具和棚屋。

尽管顶层捕食者在生态系统中的数量总是很稀少，但在这些遗址中，狼的骨骼数量却极多，可见，它们当时必定也曾是捕猎的对象。在靠近北极的环境条件下，它们浓密的毛应当非常有用，而有领土意识的狼－狗——就像今天的狼和狗那样——很可能不会容忍任何其他犬科动物的存在。

即使狼－狗没有得到充分的驯养，与它们合作也仍然会在狩猎中具备巨大的优势。

## 写在基因里

2010 年，人类进化史不得不改写了。德国莱比锡马克斯·普朗克进化人类学研究所的遗传学家斯万特·帕博及其同事们宣布，他们已经完成了一个尼安德特人的基因组测序。也就是说，他们成功地解读了一个尼安德特人的所有基因——尽管这个尼安德特人已经死亡了数万年。这是一项惊人的壮举。在对尼安德特人的基因研究方面，帕博的团队一直是先驱，却始终不曾获得过完整的基因组。

结果证明，凡是其祖先类群是在非洲以外的地区进化发展的人类，身上都携带着少许尼安德特人的基因——占其基因组的 1% ～ 4%。换言之，人类和尼安德特人曾经发生过性行为，并诞育了杂交后代。如今，这种基因融合有一小部分在非洲人之外的人身上保留了下来：由于尼安德特人没有在非洲生活过，所以在撒哈拉以南地区的非洲人种群中，就没有显示出尼安德特人 DNA 的痕迹。

这种杂交似乎发生在大约 5 万年前。这是因为所有非非洲人——无论是来自法国、中国还是巴布亚新几内亚——都拥有同等数量的尼安德特人 DNA，这就表明杂交发生的时间是在这些种群发生分化之前。这个时间点使得中东成为最有可能的发生地：离开非洲的人类可能遇到了当地的尼安德特人，并完成了杂交行为。

## 与尼安德特人的杂交甚至还不止于此

自 2010 年以来，我们业已得知，人类和尼安德特人曾发生过若干次杂交：不仅仅是 5 万年前在中东的那一段时期。

例如，我们发现，某些尼安德特人身上也携带着我们的 DNA。其中一群尼安德特人基因的正中央有一大串现代人类的 DNA，被称为 FOXP2，这种 DNA 在语言的发展中可能发挥着一定作用。更重要的是，尼安德特人从我们身上获得这些 DNA 的时间至少在 10 万年前。地点可能是在阿拉伯半岛或东地中海地区，根据初步的考古证据显示，当时这些地区已有现代人类生活。

2017 年，新的证据又出现了，表明还曾有过年代更早的杂交事件。在德国发现的距今 12.4 万年前的尼安德特人化石中，人们发现了来自现代人类的 DNA。这很奇怪，因为现代人类本该直到大约 6 万年前才到达欧洲。有人提出的解释是，在此之前，早期人类就曾经迁徙过一次，时间早在 21.9 万年之前。

这就意味着在 21.9 万年前，现代人类祖先必定已经与尼安德特人发生过杂交，而且现代人类祖先迁出非洲、到达欧洲的时间一定比我们原先以为的要早得多。

## 丹尼索瓦人

重建取自灭绝生物体的 DNA 的能力不仅使我们能够研究已知的物种，还帮助我们发现了一种全新的古人类物种。

这个故事始于 2008 年，在西伯利亚南部的阿尔泰山脉，人们在丹尼索瓦洞穴中发现了一小块指骨碎片。俄罗斯科学院的迈克尔·顺科夫将这块碎片装进袋子，贴上标签后送去分析。斯万特·帕博正好可以在莱比锡的实验室里证明它属于一个尼安德特人。

但他们都大吃一惊。这个西伯利亚人的基因组与尼安德特人的大不相同，而且与任何一种现代人类的基因组都不相似。这是一次全新的发现。该证据表明，在 3 万—5 万年前，曾经存在着一个我们此前从未设想过的人类物种——这一时期大约相当于我们自己的祖先在法国的肖维岩洞里绘制杰作之时。

几年后，这个新的物种有了一个以洞穴来命名的名字——丹尼索瓦人。我们仍然还在煞费苦心地拼凑这些神秘之人的情况。这第一块骨头加上几颗牙齿就是我们手头的全部线索——仍然没有发现躯体——但这么点少得可怜的遗骸所揭示的信息却令世人为之瞩目。

来自马萨诸塞州波士顿的哈佛医学院的大卫·赖克与帕博合作，数月之内，便完成了丹尼索瓦人基因组的草图，表明丹尼索瓦人是尼安德特人的姐妹类群。大约 60 万年前，丹尼索瓦人与尼安德特人共同的祖先从我们的谱系中分化出来。然后过了 20 万年左右，丹尼索瓦人又与尼安德特人分道扬镳，地点可能是在中东，尼安德特人进入欧洲，丹尼索瓦人则进入了亚洲。考虑到丹尼索瓦洞穴标本的年代距今如此之近，丹尼索瓦人大约存续了 40 万年的说法是相当合理的——这比现代人类目前已经存在的时间要长得多。

既然事实证明这块骨片具有如此重大的启发意义，于是人们便开始寻找更多的遗骸。2000 年，考古学家在丹尼索瓦洞穴中曾经发现过一颗牙齿，2010 年，有人对这颗被遗忘的牙齿进行了 DNA 分析，结果显示，该牙齿也属于丹尼索瓦人。于是突然间，我们就有两块化石了。

考古学家很喜欢牙齿，因为牙齿可以揭示出大量关于动物身体和习性的信息，尤其是它们的饮食情况。该标本为第三臼齿——也就是从口腔后部长出的一颗智齿——本应该是一条重要的线索，但这颗牙实在是太不寻常了。这颗巨大的牙齿差不多有 1.5 厘米宽，标志着它很原始：我们近似于类人猿的祖先长着更大的牙齿，因为需要磨碎坚硬的食物，比如草。但是到了 5 万年前，人类食用的是较软的食物，牙齿也已经变小了。丹尼索瓦人的牙齿看起来像是发生了返祖现象。不过拥有不寻常牙齿的古人类有时也会意外出现，而智齿又是颌骨内变化最大的，所以这颗巨大的智齿可能也只是一种异常现象。

接下来，在2010年8月，考古学家又发现了一颗巨齿。多伦多大学的本斯·维奥拉以为这颗牙齿属于一只熊，但基因分析却显示它属于丹尼索瓦人。这也是一颗智齿，不过是来自不同的个体，这进一步证明，丹尼索瓦人长着奇怪的硕大牙齿。这暗示着丹尼索瓦人的饮食可能以纤维性植物为基础，但这一观点仍然缺乏证据。

2017年，人们又确认了第四颗属于丹尼索瓦人的牙齿：这是一个10岁至12岁的女孩脱落的一颗乳牙。这颗牙齿于1984年在丹尼索瓦洞穴出土，来自22.7万至12.8万年前形成的地质层，有可能是诸标本当中年代最早的。

与此同时，基因组已经揭开了有关丹尼索瓦人的另一个秘密——我们当中的一部分人携带着丹尼索瓦人的基因。为了查明人类和丹尼索瓦人是否曾发生过杂交，遗传学家们研究了基因组中少数几个在人与人之间存在差异的部分，寻找携带着丹尼索瓦人基因片段的个体。在他们采样的大多数人身上，研究人员都没有发现丹尼索瓦人DNA的痕迹——哪怕这些人来自亚洲大陆，人们认为我们的祖先可能是在那里遇到丹尼索瓦人的。然而，研究人员还对某个来自巴布亚新几内亚的人的基因组进行了测序，并发现了一个明显的信号。其他一些美拉尼西亚人也携带着丹尼索瓦人的DNA，平均有4.8%的基因组来自丹尼索瓦人。

显然，杂交确实曾经发生过。可是，假如丹尼索瓦人当初生活在西伯利亚南部，那他们的DNA究竟是如何最终来到几千千米外、位于大洋彼岸的美拉尼西亚的呢？最显而易见的解释也最令人震惊：丹尼索瓦人曾经分布在亚洲大陆的大片地区，也曾渡海来到了印度尼西亚或菲律宾。这就意味着丹尼索瓦人的活动范围比尼安德特人更广。

还有另外一种可能，那就是丹尼索瓦人曾与亚洲大陆上的现代人类杂交过，这些混血后代后来迁徙到了东南方，没有在大陆上留下任何痕迹。这等于是说丹尼索瓦人的分布并没有那么广泛。

为了确定究竟哪种理论是正确的，赖克对来自亚洲大陆以及印度尼西亚、菲律宾、波利尼西亚、澳大利亚和巴布亚新几内亚的土著民族做了基因组测序。如果杂交是在亚洲大陆上发生的，先于人类定居在这些岛屿上的时间，那么，所有这些岛屿上的人们应该全都携带着一些丹尼索瓦人的基因才对。但是，假设丹尼索瓦人先到达了这些岛屿，并与岛上已经存在的人类进行杂交，那么，某些地处偏僻的种群身上可能就见不到丹尼索瓦人留下的痕迹了。赖克发现的是后一种模式，所以杂交不太可能是在大陆上发生的。

因此，遗传学告诉我们，丹尼索瓦人是在东南亚的某个地方与早期的现代人类进行杂交的。如果这一点属实的话，那么，这些人就是令人生畏的殖民者。丹尼索瓦人似乎离开了与尼安德特人发生分化的起源地，走出了中东，一面向北到了西伯利亚，一面又向东到了印度尼西亚和美拉尼西亚。

在 11 万至 1.2 万年前的上一个冰河时代，东南亚可能曾是一个特别宜居的地方。这里没有茂密的森林，取而代之的是开阔的草地。两极的冰冻结了大量的水，使得海平面下降了数十米。因此，苏门答腊岛和婆罗洲当时都是大陆的一部分。

换言之，我们把丹尼索瓦人的故事给弄反了顺序：丹尼索瓦人固然是以西伯利亚的一个洞穴来命名的，但那里并不是他们平时的住处，东南亚才是他们活动的中心。当条件好的时候，丹尼索瓦人就向北扩张，而当条件不好的时候，这些种群就灭绝或消失了。

第一块指骨碎片虽已向我们透露了大量的遗传信息，但还有一些关键问题是它解答不了的。例如，丹尼索瓦人是否也像其祖先海德堡人一样，头脑相对简单？抑或他们像尼安德特人和早期现代人类那样，具有更高的心智能力？DNA 分析回答不了这些问题，因为我们不了解造就现代人类的那些基因变化。但一个或大或小脑壳的头骨却可以告诉我们这些问题的答案。所以，最大的挑战依然如故：找到一具遗体。

# 我们体内的尼安德特人和丹尼索瓦人

一旦发现有这么多现代人都携带着尼安德特人和丹尼索瓦人的 DNA，我们即刻便面临着这样的问题：那又如何？非人类的 DNA 真的有什么作用吗？又或者它实际上是中性的——或许跟我们自身的 DNA 极为相似，它的存在不会造成任何差别？

最近的基因解码表明，它在一定程度上解释了我们的外貌差异，并影响着我们的健康。在这些"不死"的 DNA 当中，有一些甚至帮助我们在原本难以生存的地方生存了下来。以下试举四例。

## 1. 在高海拔地区生存

关于现代人获益于古代 DNA 的现象，最引人注目的证据或许是在中国的藏族人身上发现的，大约 80% 的藏族人都携带着一个特定的丹尼索瓦人 DNA 片段。这段古老的 DNA 与 EPAS1 基因重叠，而丹尼索瓦人的基因版本似乎可以帮助人们在高海拔地区的低氧环境中生存下来。丹尼索瓦人有可能适应了高海拔地区的生活，并将这种性状遗传给了人类。

## 2. 免疫力的馈赠

第一批到达欧洲和亚洲的智人应当遭遇过新的寄生虫和病原体，使他们面临致命疾病的威胁。对这些早期的探险者来说，偶遇尼安德特人和丹尼索瓦人可能带来了非常实在的益处：现代欧亚人的免疫系统基因中，有很大一部分都来自这两个古老的亲戚。

有几项研究比较了现存人类的这些基因与我们已经灭绝的近亲的基因，发现了惊人的相似之处。例如，在巴布亚新几内亚的某些种群中，尼安德特人和丹尼索瓦人版本的 HLA-A 免疫系统基因几乎无处不在。当迁徙中的现代人类最初来到非洲以外的地方探索时，获得这些遗传变异可能曾对他们的健康和生存有所助益。

## 3. 较白的肤色适应北方的天空

尼安德特人的 DNA 可能导致某些种群中出现了白皙的皮肤。70% 具有欧洲血统的人在 9 号染色体上都携带着一段尼安德特人的 DNA。这段 DNA 包括了一个与白皮肤的色素沉着和雀斑形成相关的基因，而在那些没有欧洲血统的人身上则不见其踪影。

当然，导致欧洲人进化出较白肤色也有可能是由于其他因素。但如果尼安德特人的 DNA 确实发挥过作用，则不难想象这种特征曾对早期的欧洲人有益。深色皮肤可以保护我们免受紫外线辐射的伤害，但在高纬度地区，要制造维生素 D 却变得更加困难。当我们的物种向北迁徙时，白皮肤或许曾有助于我们在较弱的阳光下生存。

在亚洲也保留着类似的基因遗产：在大约一半的人口中，3 号染色体上都有一大段尼安德特人的 DNA，它与一种参与皮肤修复的基因——

HYAL2 相重叠。某些研究表明，HYAL2 在暴露于紫外线时会有反应，这可能说明尼安德特人的 DNA 有助于修复阳光对皮肤造成的损伤。

### 4. 耐寒性

所有的格陵兰土著因纽特人身上，几乎都携带着一段在 1 号染色体上发现的特定的丹尼索瓦人 DNA 片段。一项研究表明，该 DNA 内包含了两个基因——TBX15 和 WARS2，并改变了它们在体内的表达方式。TBX15 协助生成棕色脂肪细胞，这些细胞在低温下可以产生热量，人们认为，这两种基因可能都影响着体脂的分布。

现代人类有可能是从一个已经适应了寒冷环境的谱系身上获得这种 DNA 的。当他们开始迁移进入极地区域时，携带着这种古代 DNA 的个体应当就有大得多的机会存活下来，并将基因遗传给他们的子女。

### 改写人类进化史的人：采访斯万特·帕博

斯万特·帕博是一位瑞典生物学家，因研究古代基因组而闻名于世。作为古遗传学的创始人之一，他对尼安德特人的基因组进行了广泛的研究。他对在西伯利亚的丹尼索瓦洞穴中发现的一块指骨进行了 DNA 分析，结果表明，这块指骨属于一个此前不为人知的人属成员：丹尼索瓦人。

问：请给我们讲讲有关发现丹尼索瓦人的情况。

答：我们知道这个洞穴里曾经有人居住过，但我们以为那要么是尼安德特人，要么就是现代人类。当我们为 DNA 进行测序的时候，我身在美国，所以一个博士后打电话告诉了我结果。他说："你是坐着呢吗？"因为结果已经非常明显了，这是另一种形态的人类——既不是尼安德特人，也不是现代人。我们彻底惊呆了。

问：发现丹尼索瓦人是否增加了这样一种可能性，即我们一度曾与其他已经灭绝的人类共同居住在地球上？

答：是的。我不会说这不可能，但我仍然会猜测其数量有限。当现代人类走出非洲的时候，比方说在5万年前，他们周围都有些什么呢？嗯，我们知道，有尼安德特人和丹尼索瓦人，我们也知道还有霍比特人，或者说弗洛勒斯人，就是2003年在印度尼西亚的弗洛勒斯岛上发现的那种身材矮小的古人类。所以至少有三种形态的人。也许另外还有几种吧，有这种可能。等到我们研究了更多的遗址，我们就会知道答案了。

问：您有没有想过，如果尼安德特人幸存了下来，那世界会变成什么样？

答：我认为，设想一下尼安德特人只需要再繁衍2000多代，就可以和我们继续生活在一起，这是一件很有意思的事。尼安德特人是会住在郊区还是住在动物园里？我们会如何对待他们？也许针对尼安德特人的种族歧视会比我们今天所经历的更加严重，因为尼安德特人在某些方面确实与我们有所不同。又或者，在我们身边还有另一种形态的人类存在，这会让我们变得更加心胸开阔，而不会像今天这样，在人类和动物之间进行如此泾渭分明的区分。谁也不知道，但推测一下还是很有趣的。

# 认识一下霍比特人

还有一个人属物种要加以探讨。2003 年，人们在印度尼西亚发现了一种体形很小、至今仍然不为人知的物种的遗骸。这一发现被称为 50 年来最重要的发现，并从根本上改变了世所公认的人类进化图景。因为这个物种的体型实在太小，人们很快就将其昵称为"霍比特人"，这是托尔金小说《霍比特人》和《指环王》中那个矮小民族的名字。

弗洛勒斯岛位于爪哇岛东端，在岛上的梁布亚石灰石洞穴中，人们发现了一个成年女性的头骨和骨骼，以及多达 6 个来自其他标本的遗骸碎片。这具女性骨骼被命名为 LB1，也被昵称为"埃布"，被归入了一个新物种：弗洛勒斯人。这具骨骼表现出了一些混合特征，到目前为止，这些特征是与人类进化史上若干大不相同的阶段联系在一起的。

LB1 最令人瞩目的特征之一是她的身高。她高约 1 米，甚至比现代俾格米人还要矮得多——现代俾格米人的身高在 1.3 ~ 1.4 米之间——大致与相对原始的南方古猿差不多。但是像露西这样的南方古猿生活在非洲，所处年代在 450 万—140 万年前，而 LB1 则生活在 9.5 万—7.4 万年前。

事实上，LB1 的头骨形状更类似于我们的祖先直立人，他们生活在 180 万到 20 万年前。这表明她和智人一样，也是直立人的直系后裔。例如，她长着直立人特有的突出眉骨。

与此同时，弗洛勒斯人的体型在很多方面又更近似于南方古猿，而非任何人类物种。她的手臂特别长，手几乎垂到膝盖处。她的腿很短，大腿骨弯曲，骨盆很小。

但最让人类学家感到震惊的是她的头骨尺寸。在这样大小的头骨中，肯定容纳不下大于一只西柚的大脑——这样的大脑尺寸与小黑猩猩的大脑尺寸相似——这就构成了一个难解之谜：附近发现的工具和动物遗骸显示，他们能够做出复杂的行为，既然长着如此袖珍的大脑，那么他们怎会具备这样的能力？此前，人属的大脑尺寸界限为 500 立方厘米，而弗洛勒斯人的脑容量却仅有 380 立方厘米。

在这些洞穴中，考古学家还发现了出自同一时期的少数石器，以及几只矮剑齿象的骨头和牙齿，它们是现代大象的祖先。另有其他动物的遗骸（包括老鼠、蝙蝠和鱼）表明，大约就在弗洛勒斯人居住于这些洞穴的时期，这些动物曾被烹饪过。

我们自然而然会问出这样的问题：霍比特人生活在哪个时期？又是什么时候灭绝的？首次对该物种加以描述时，加速器质谱测定法表明 LB1 的遗骸有 1.8 万年的历史，科学家们认为某些骨骼碎片的历史可能仅为 1.3 万年。遗址中年代最早的遗骸分别来自 7.8 万年和 9.4 万年前。

这些年代可能意味着弗洛勒斯人存活的时间比最后的尼安德特人要长久得多，很可能也比丹尼索瓦人活到了更近的年代。更重要的是，人们认为智人在 5.5 万年到 3.5 万年前便已在弗洛勒斯岛居住，这就意味着霍比特人在这座岛上与我们共存了数千年。

这个结论维持了十多年。但在 2016 年，一项新的定年研究推翻了这一说法。这项研究表明，这些骨骼遗骸的历史在 10 万—6 万年之间，而年代最晚的石器工具也有 5 万年的历史。这说明霍比特人大约是在 5 万年前消失的。这个年代未必可靠，而现代人类大约也是在这个时候到达弗洛勒斯的。这说明——但不能证明——我们可能将他们推向了灭绝，哪怕我们完全是出于无意。

**霍比特人到底是何许人也?**

有关弗洛勒斯人的发现相当不同寻常——尤其是再配上最初的说法，即弗洛勒斯人一直存续到 1.2 万年前，这一说法后来被推翻了——以至于有些人类学家根本不相信这是一个新物种。相反，他们认为，这些是患有类似小头畸形症这种疾病的智人留下的遗骸。

结果便是一场持续多年的激烈争执。争执的一方是芝加哥菲尔德自然历史博物馆的罗伯特·马丁，他认为，所谓脑容量不大的矮小人类物种的存在不过是一种幻想。相反，他提出，这具骨骸不过是石器时代的人类，患有轻微的小头畸形症，这种疾病会阻碍大脑发育，并与个子矮小有关。他认为，在遗址现场发现的那些石器是由正常的智人制造的。

许多研究人员认为，2005 年对该小尺寸头盖骨所做的分析证实了弗洛勒斯人是个独特的物种。分析显示，他们的大脑虽然尺寸小，却拥有非常先进的功能。2007 年的一项研究也得出了同样的结论。研究宣称，霍比特人的腕骨与早期人科动物和现代黑猩猩的腕骨几乎完全相同，因此，远在现代人类和尼安德特人出现之前，霍比特人就早已与人类的谱系分道扬镳了。

虽然还有人不肯相信，但对大多数人类学家来说，弗洛勒斯人是真实存在的。

## 霍比特人的起源

有关霍比特人的发现表明，人属并非遵循着一条简单的进化路径，以现代人类作为其登峰造极的进化终点，其实早期人类分化出了许多其他形态，数量比我们此前认为的要多得多。后来丹尼索瓦人和纳莱迪人的发现证实了这一点。

但是，霍比特人的祖先又是谁呢？2009 年的两项研究大致勾勒出了可能的答案。一种观点认为，霍比特人是由一个年代极早的人属物种进化而来的，类似于能人这样的小个子物种。或者是，一群年代较晚、体型较大的直立人可能在大约 100 万年前到达了弗洛勒斯，但由于岛上特殊的自然条件，他们的体型缩小了。

由于在进化过程中，与大陆亲缘物种分离的岛屿物种通常都会在尺寸上缩小，因此，"霍比特人是分离物种"的争论主要集中于他们不大的脑容量。在缺乏资源的条件下，自然选择可能会导致身体越来越小，有些研究人员认为，需要消耗大量能量的大脑可能会比身体的其他部分萎缩得更厉害。简单地说，对动物而言，不必维持这么大的大脑可能对其有利。在此基础上，有部分人认为，弗洛勒斯人就是生活在岛屿上的矮小直立人。

然而，其他人则认为，弗洛勒斯人不可能是缩水版的直立人。首先，弗洛勒斯人的脚比 1 米高的直立人或智人应有的尺寸要长得多。相反，与霍比特人亲缘关系最近的亲戚可能是一个比直立人更加古老的人类物种，他们的大脑较小——有可能就是能人。

故事在 2016 年发生了新的转折：在弗洛勒斯岛上发现了一批隐蔽的新遗骸，类似于霍比特人——其中有六颗牙齿、一块颌骨碎片和一小块头骨。发现者认为，这些遗骸证实了缩水版直立人的理论。

这些化石是在弗洛勒斯岛上的索阿盆地采集到的，当时这里是一片类似非洲的草原。它们有 70 万年的历史，比之前那批霍比特人的遗骸要古老得多，这表明这些遗骸的主人就是霍比特人的祖先。这些遗骸与霍比特人具有惊人的相似之处。尤其是那块颌骨，差不多和霍比特人的颌骨一样小，研究团队表示，该颌骨属于一个成年人。如果这些化石确实属于霍比特人谱系中年代较早的成员，那么，弗洛勒斯似乎就是他们生活了数十万年的家园。

不过，2017 年又出现了一个新的说法。迄今为止最为全面的分析表明，霍比特人其实是 200 多万年前生活在非洲的一个神秘祖先类群的后裔。这一祖先类群中的部分成员留在了非洲，并进化成了能人。其他成员则在大约 200 万年前离开了非洲——先于直立人——并在至少 70 万年前到达了弗洛勒斯。

澳大利亚国立大学的科林·格罗夫斯发现，弗洛勒斯人与能人之间的亲缘关系远比与直立人或智人更近，这表明弗洛勒斯人来自一个古老的谱系，与能人拥有相同的祖先。弗洛勒斯人的体型更原始、更矮小，这进一步证明了这一观点。格罗夫斯认为，等到更高大、更复杂的人类物种（如直立人和智人）后来在非洲出现之时，霍比特人的祖先很可能在整个亚洲都已经灭绝了。弗洛勒斯人之所以在弗洛勒斯岛上存活了这么长的时间，多半只是因为这里地处偏僻。没有化石证据表明直立人曾经到达过这座岛屿。这场辩论似乎还将持续下去。

## 更多的物种即将被发现

我们不大可能已经发现了所有曾经存在过的古人类物种。尤其是进化生物学家早就预测过，当我们开始研究在亚洲发现的骨骼化石时，新的人类物种就会开始出现。

1979 年，在中国广西壮族自治区的隆林县一个洞穴出土了一块与众不同的头骨，但直到 2012 年，人们才对其进行了全面的分析。该头骨具有厚实的骨骼、突出的眉骨和短而扁平的面部，而且没有典型的人类颌骨。总之，它在解剖学上是独一无二的。澳大利亚悉尼新南威尔士大学的达伦·科诺研究了这块头骨，他认为，它表现出了一种非同寻常的混杂性，既具有像是几十万年前见于我们祖先身上的某些原始特征，又具有一些与现今的人类相似的现代特征。

之后，科诺与中国云南大学的吉学平在另一个洞穴（即云南省的马鹿洞）又发现了更多关于这种新的古人类的证据。科诺将这个新的群体称为"马鹿洞人"，因为这个群体对鹿肉情有独钟。

马鹿洞人在我们的谱系中究竟处于什么位置还不明确。他们可能与我们智人物种中某些年代最早的成员有着亲缘关系。然而，他们也可能代表着在东亚地区演化出的一种新的进化路线，就像尼安德特人那样，与我们这个物种平行发展。他们还有可能是现代人类和丹尼索瓦人杂交的产物。虽然我们并不清楚他们的确切来源，但我们知道，马鹿洞人是直到相对较晚的时期才灭绝的。某些化石的历史仅有 1.15 万年。

2015 年，科诺发表了一篇关于一根古人类股骨的分析报告，这根股骨也是在马鹿洞发现的。有迹象表明，它曾在用来烹煮其他肉类的火中被焚烧过，上面还带有一些印记，与它曾被宰杀以供食用的猜想相吻合。它还被斩断过，这种方式一般是用来获取骨髓的。似乎有人将其烹饪并食用过。

当研究团队试图鉴定这根股骨时，情况变得有趣起来。这根骨头所处的沉积物的年代仅为 1.4 万年前，但这根股骨却与最早的人属物种的很相似。这表明，形象相当原始的人类与形象非常现代的人类曾经共同居住在这片土地上——即便是在中国正在形成早期农业的时期也是如此。

# ⑥

# 全球征服者

今天，在地球的每一块大陆上都能找到人类的踪影。但以前情况并非始终如此。尽管尚未达成共识，但我们所属的物种似乎起源于非洲，并从那里散布到了世界各地。我们这一物种起源的年代尚且难以确定，我们究竟是如何走向全球的就更令人困惑了。

## 我们物种的起源

在 20 世纪的大部分时间里，人们都认为智人是在短短 10 万年前才进化形成的。然而，自从 20 世纪 90 年代以来，一种共识逐渐形成：解剖学意义上的现代人类至少在 20 万年前就已经在非洲出现了。

这种思维的转变始于 1987 年。研究人员利用基因分析，针对线粒体 DNA——这种遗传物质纯粹是从我们的母亲身上继承而来的——来构建进化树，他们发现，我们所有人的祖先都可以追溯为同一个女人，她居住在非洲东部，生活在 20 万—15 万年前，即所谓的"线粒体夏娃（mitochondrial Eve）"。

自此以后，化石证据又进一步支持了我们起源如此之早的说法。2003 年，研究人员对来自埃塞俄比亚赫托的智人遗骸化石进行了年代测定，得出的结果约为 16 万年前。两年后，另一个研究团队又把我们的起源年代再次前推，在埃塞俄比亚的奥莫·基比什发现的化石遗迹可以追溯到 19.5 万年前。

不过，鉴于在南非发现的类似智人的化石年代被初步确定为 26 万年前，有些研究人员长期以来一直怀疑，我们这个物种的起源时间甚至比这还早。2017 年在摩洛哥发现的化石表明，早在 35 万年前，智人谱系就已经显著分化形成了，这使得我们这个物种的历史又增加了多达 15 万年。

这项新的证据来自一处名为杰贝尔依罗的遗址，20 世纪 60 年代，人们就已在那里发现了古人类的遗骸，只是当时还无人能够理解它们是怎么回事。因此，科学家们又重返杰贝尔依罗，试图解开这个谜团。在最新的挖掘工作中，他们发现了石器和更加零碎的古人类遗骸，其中包括一个成人头骨的碎片。对新化石及 20 世纪 60 年代在该遗址发现的旧化石所做的分析证实，该古人类长着原始的细长头骨。

但这个新的成年人头骨显示，这种古人类既具备这种古老的特征，又长着一张骨骼轻盈的"现代"小脸——这张脸与智人的脸几乎看不出区别。

另一项研究对那些石器进行了考察。其中许多石器都经过炙烤——很可能是因为它们在用完之后被丢弃了，然后当古人类在附近的地面上放火时受过热。

这种加热"重置"了石器对环境中的自然辐射产生的反应。通过测定遗址现场的辐射水平，以及测量石器的辐射反应，研究人员确定，这些石器受热的时间是在 35 万至 28 万年前。他们还重新测定了在 20 世纪 60 年代发现的古人类化石其中一块的年代，得出的结论是它的历史已有 25 万—32 万年。

有了这些年代证据，在摩洛哥发现的古人类似乎就更容易理解了。研究人员认为，智人在大约 35 万至 25 万年前开始出现，最先变的就是脸。

# 走向全球

早在耐克标志和麦当劳的金拱门风靡全球之前，我们自身这个物种已经渗透到了地球上的每一个角落。但这花费了一段时间。在走向全球之前，我们这一物种似乎在非洲停留了数万年，正如一位考古学家所形容的那样："盛装打扮却无处可去。"

来自地中海东岸的斯虎尔和卡夫扎的遗骸所属的年代在 12 万至 9 万年前，是已经确认的非洲以外最古老的现代人类遗迹。这些遗骸发现于 20 世纪 30 年代，人们一度认为它们代表着一波大获全胜的移居浪潮的前沿阵地，这波浪潮将我们这个刚进化出来的物种带向北方和西方，进入了欧洲，最终向东方而去，散布到了全球各地。

然而，大约在 9 万年前，所有表明非洲以外有人类居住的迹象全都消失了，直到许久以后才又重新出现。世人广泛认为，地中海东岸的这些发现代表的是人类进入更广阔世界的一次早期浪潮，为时虽早，却十分短暂。然而，那些关键的问题依然如故：当时人类为什么要离开且能够离开非洲？这一次，是什么使他们得以在以往迁徙的人们已经销声匿迹的地方建立全球统治权呢？

加利福尼亚斯坦福大学的人类学家理查德·克莱恩一直支持这样一种观点：完全现代化的行为是在 5 万—4 万年前一次相对突然的爆发中出现的。这类行为包括制造和使用复杂的骨器和石器、有效而深入地利用当地的食物资源，以及也许是最重要的一点——象征性的装饰和艺术化的表达。这场文化"大跃进"让人类越过临界点，具备了现代性，并赋予了人类征服世界其他地区所需的创造力、技能和工具。

相比之下，其他研究人员认为，支撑人类获得成功的行为现代性进化形成的年代要早得多。他们指出，有越来越多手工制品的年代可以追溯到 8 万年前（见第 8 章）。然而，这些发现反映的或许只是更加现代的行为模式逐渐积累增加，而非出现了完全具备现代性的思想。如果看一看 10 万至 4 万年前的考古记录，我们会偶尔发现一些似乎代表着现代行为的手工制品，但它们仍然很罕见。

2006 年，剑桥大学的保罗·梅拉斯提出了一个新的模型，以此来解释走出非洲的大迁移，目的是把这些存在争议的考古遗迹与最近在遗传学上取得的发现结合起来。解开这个谜团的关键在于指向一系列人口爆炸的遗传学研究，这样的人口爆炸首先在非洲发生，然后又在亚洲和欧洲重演。

人口的快速增长留下了一个足以说明问题的明显标志，即在某个特定种群中成对个体之间线粒体 DNA 的差异数量：在人口爆炸发生以后，随着时间的推移，DNA 出现错配的数量也在增加。这项分析表明，非洲的人类种群在 8 万至 6 万年前发生过迅猛增长，这恰好与早早便发展出了行为现代性的迹象相吻合。

根据梅拉斯的模型，在 8 万—7 万年前，人类的行为发生了改变，导致非洲南部和东部出现了技术和社会方面的重大变化。狩猎用的武器得到了改进，原本供人食用、富含淀粉的野生植物有了新的用途，贸易网络有所扩展，还有可能发现了捕鱼的方法，以上这些关键性的创新使得现代人类在陆地和海洋上能够过上更好的生活。梅拉斯认为，在 7 万—6 万年前，凡此种种创新导致人类种群发生了大规模的快速扩张，其范围也许仅限于非洲一片小小的发源地上。这个不断扩大的种群具备了更为复杂的技术，大约 6.5 万年前，他们最终得以离开非洲，进入了南亚。

关于人类的往事一直存在激烈的争议，如今终于形成了基本的情节。但是，各个情节点都还没有一致地确定下来，首先面临的就是一个看似简单的问题：我们走出非洲遵循的是什么路线？

## 我们是如何走出非洲的？

我们的祖先走出非洲的路线不断地重新评测，至今仍未达成共识。

以早期中东曾有人居住的证据为基础，一种观点认为，当早期的现代人类终于开始全球化迁徙时，他们走的是"北线"，穿过黎凡特（相当于现今的叙利亚、黎巴嫩、约旦、以色列、巴勒斯坦的领土，以及土耳其安纳托利亚南部的部分地区）——基本上就是紧邻地中海东部的那片土地——北上进入欧洲。但是，这一观点一直受到质疑：其他发现表明，东南亚和澳大拉西亚①

① 1756 年由法国学者布罗塞提出的地理区域名称，狭义的指澳大利亚、新西兰及附近南太平洋诸岛，广义的还包括太平洋岛屿。

很早就有人类居住了，而且分布广泛，后来他们才向北迁徙，然后又西行进入了欧洲（见图 6.1）。

例如，2007 年，在婆罗洲岛砂拉越的尼亚洞穴中发现了骨骼残骸，其年代可追溯到 4.5 万—4 万年前。除此之外，还有一些化石来自中国北京附近的田园洞，也是在 2007 年发现的，距今已有 4 万年的历史。

当我们的一些祖先在亚洲的远东地区探险时，其他群体开始进入欧洲。在罗马尼亚的"遗骨洞穴"里发现了一些骨骼残骸，大约也有 4 万年的历史。西欧最古老的化石年代要略晚一些，介于 3.7 万—3.6 万年前之间。只有美洲似乎要等到更晚的时候才有人居住，当时已经接近最后一次冰河时代的末期了。

人类传播到欧洲的年代较晚，这一点也有遗传学上的证据。得克萨斯大学奥斯汀分校的斯宾塞·威尔斯为现今生活在欧亚大陆的男性 Y 染色体上的遗传标记绘制了地理分布图。他发现，大约 4 万年前，中东地区的人类种群开始分化，部分种群向南迁移，进入印度，另一些则穿过高加索向北迁移，然后分裂出一个西支，穿过北欧，又分裂出一个东支，穿过俄罗斯，进入了西伯利亚。

这些年代较晚的迁徙原本可以将人类带进欧亚大陆的心脏地带，但是，最早的那些移民却似乎是沿着海岸线前进的——他们也许是从非洲之角离开了非洲大陆，穿越当时比如今狭窄的曼德海峡，绕过阿拉伯半岛，途经伊拉克，然后沿着伊朗的海岸前行，往东方而去——这是一次遵循"南线"的传播。在生态学上来讲，这条沿海迁徙的路线完全合情合理。显然，早期的现代人类已有能力利用海洋中的资源——在东非厄立特里亚发现过大堆被丢弃的蛤壳和牡蛎壳，年代大约在 12.5 万年前，足以证明这一点。智人坚持运用已经学会的本领，在海岸边捡拾贝壳，他们当时应该有能力沿着海岸线快速移动，而不必另行创出新的谋生方式，或是去适应并不熟悉的生态条件。

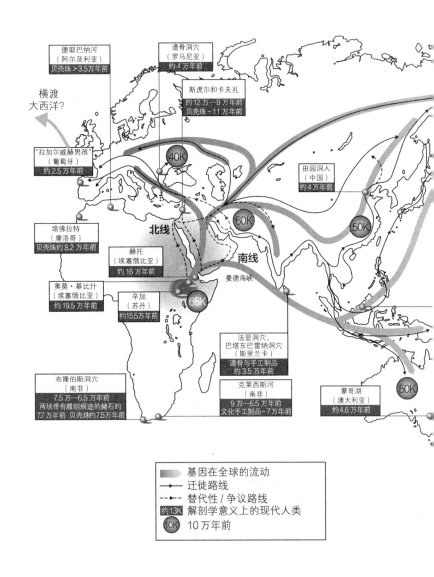

德耶巴巴纳河
（阿尔及利亚）
贝壳珠 >3.5万年前

遗骨洞穴
（罗马尼亚）
约4万年前

斯虎尔和卡夫扎
约12万—9万年前
贝壳珠~11万年前

横渡
大西洋？

"拉加尔威赫男孩"
（葡萄牙）
约2.5万年前

40K

田园洞人
（中国）
约4万年前

50K

塔佛拉特
（摩洛哥）
贝壳珠约8.2万年前

北线

60K

赫托
（埃塞俄比亚）
约16万年前

南线

奥莫·基比什
（埃塞俄比亚）
约19.5万年前

辛加
（苏丹）
约15.5万年前

65K

曼德海峡

50K

法显洞穴、
巴塔东巴雷纳洞穴
（斯里兰卡）
遗骨与手工制品
约3.5万年前

布隆伯斯洞穴
（南非）
7.5万—6.5万年前
两块带有雕刻痕迹的赭石约
77万年前 贝壳珠约7.5万年前

克莱西斯河
（南非）
9万—6.5万年前
文化手工制品~7万年前

蒙哥湖
（澳大利亚）
约4.6万年前

50K

基因在全球的流动
迁徙路线
替代性/争议路线
约13K 解剖学意义上的现代人类
10K 10万年前

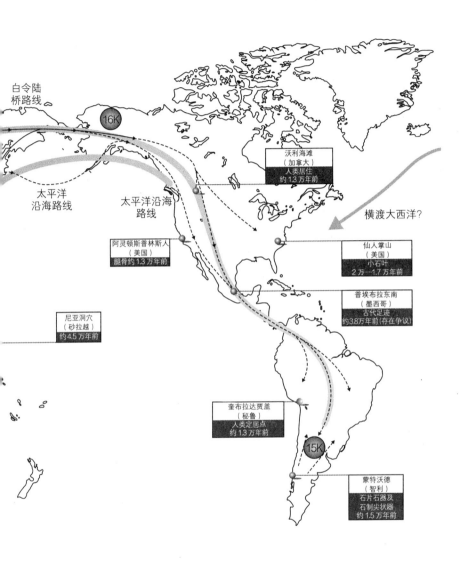

白令陆
桥路线

16K

太平洋
沿海路线

太平洋沿海
路线

沃利海滩
（加拿大）
人类居住
约1.3万年前

横渡大西洋？

阿灵顿斯普林斯人
（美国）
腿骨约1.3万年前

仙人掌山
（美国）
小石叶
2万—1.7万年前

尼亚洞穴
（砂拉越）
约4.5万年前

普埃布拉东南
（墨西哥）
古代足迹
约3.8万年前(存在争议)

奎布拉达贾盖
（秘鲁）
人类定居点
约1.3万年前

15K

蒙特沃德
（智利）
石片石器及
石制尖状器
约1.5万年前

图 6.1　解剖学意义上的现代人类走出非洲的迁徙路线。来自化石、古代手工制品和
遗传学分析的证据结合在一起，讲述了一个令人信服的故事

顺着沿海的这条南线迁徙留下的考古学痕迹虽然零散，却与这幅图景相吻合。但也有大量的证据支持传统的北线迁徙观点。例如，古老的河流留下的遗迹如今埋藏在撒哈拉沙漠底下，它们曾在地表形成了绿色的走廊，我们的祖先当初可以循着这些走廊长途跋涉，走出非洲。同样，2015 年的一次针对该地区数百人进行的基因组分析表明，我们选择的是北线，穿过埃及，进入了欧亚大陆。这一结论与其他证据吻合得很好。尤其是在离开非洲之后不久，欧亚人就与尼安德特人发生了杂交——我们知道，在走出非洲的大迁徙时期，尼安德特人曾经在黎凡特逗留，没有证据表明他们在更靠南的地方生活过。

读到此处，读者或许会觉得好奇，既然这两条走出非洲的路线似乎都各有证据作为佐证，那么，会不会这两条路线早期人类都曾经走过？这样的想法倒是与考古学的发现一致，但在 2016 年发表的三份遗传学分析都表明，当时只发生过一次迁徙潮。凡是现今的非非洲人，其祖先似乎基本都可以追溯到在同一波迁徙潮中离开非洲的同一群先驱者。

## 离开非洲年代其实更早？

甚至就连我们离开非洲的年代也没有完全达成共识。我们的直系祖先走出非洲的时间可能比我们以为的要早许多。

2009 年，中国科学院古脊椎动物与古人类研究所的金昌柱及其同事宣布，他们在中国广西壮族自治区的一个洞穴中发现了一块 11 万年前的化石，推定为智人下颌骨。下颌骨有着像智人一样突出的下巴，但下颌骨的厚度却显示出更原始的古人类特征，这表明这块化石可能是杂交衍生的产物。其他人类学家对这一发现是否属于真正的智人表示质疑。

2014 年，另一个研究组描述了来自中国广西壮族自治区月亮洞的两颗牙齿。研究组认为，根据牙齿的比例来判断，其中至少有一颗属于一个早期智人。这些牙齿显然年代久远。在水从牙齿和洞穴底部流过时形成的方解石晶体可以追溯到12.5万—7万年前。同样，我们也不清楚这些牙齿是否属于现代人类所有。

然而，其他化石较此更有说服力。在地中海东岸发现的骨骼——其中包括来自米斯利亚洞穴的一块上颌骨——可能已有15万年的历史。在中国贵州省的一个洞穴发现了一块颌骨和两颗臼齿。尽管这块颌骨已有10万年以上的历史了，但下颌形状却呈现出现代人类的特征。

同样，2015年，伦敦大学学院的玛丽亚·马提侬-托瑞斯和她的团队也在中国湖南省道县的福岩洞发现了47颗牙齿，分别属于至少13个不同的智人个体。这些牙齿位于一层石笋下方，这层石笋是在牙齿沉积之后才形成的。由于这些石笋至少已有8万年的历史，所以这些牙齿似乎至少也来自同样的年代。对同一遗址的动物骨骼所做的研究显示，其年代上限为12万年。

对遗传学的进一步研究也表明，在此之前，还曾发生过另一次年代更早的迁徙。2014年，德国图宾根大学的卡特琳娜·哈瓦蒂和她的同事们做了一次测试，将"6万年前走出非洲"的经典说法与离开非洲的年代更早的设想进行了对比。她们把来自东南亚土著种群的基因组插入到一个迁徙模型中，结果发现，对遗传学数据做出的最佳解释应当是：早期人类在13万年前离开非洲进行迁徙，沿着阿拉伯半岛和印度的海岸线进入澳大利亚，在后来的一次迁徙潮中，又沿着经典说法中的北线穿过了埃及。

## 征服欧洲

当第一批现代人类进入欧洲时，他们发现尼安德特人已经生活在那里了。

## 现代人类的全球化传播

一如既往的是,这些事件发生的年代并不确定。如今,在澳大利亚发现了 6.5 万年前的人类手工制品的证据,这比目前在亚洲发现的所有手工制品的年代都早。这样的矛盾之处仍然有待解决。

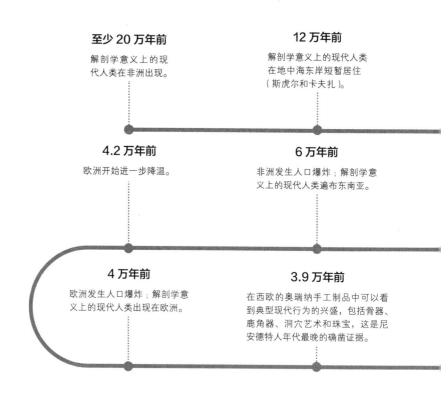

**至少 20 万年前**

解剖学意义上的现代人类在非洲出现。

**12 万年前**

解剖学意义上的现代人类在地中海东岸短暂居住(斯虎尔和卡夫扎)。

**4.2 万年前**

欧洲开始进一步降温。

**6 万年前**

非洲发生人口爆炸;解剖学意义上的现代人类遍布东南亚。

**4 万年前**

欧洲发生人口爆炸;解剖学意义上的现代人类出现在欧洲。

**3.9 万年前**

在西欧的奥瑞纳手工制品中可以看到典型现代行为的兴盛,包括骨器、鹿角器、洞穴艺术和珠宝,这是尼安德特人年代最晚的确凿证据。

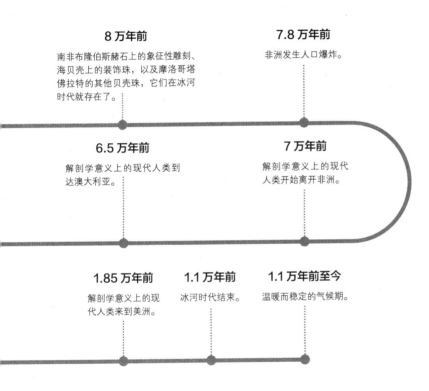

**8 万年前**

南非布隆伯斯赭石上的象征性雕刻、海贝壳上的装饰珠，以及摩洛哥塔佛拉特的其他贝壳珠，它们在冰河时代就存在了。

**7.8 万年前**

非洲发生人口爆炸。

**6.5 万年前**

解剖学意义上的现代人类到达澳大利亚。

**7 万年前**

解剖学意义上的现代人类开始离开非洲。

**1.85 万年前**

解剖学意义上的现代人类来到美洲。

**1.1 万年前**

冰河时代结束。

**1.1 万年前至今**

温暖而稳定的气候期。

接下来又发生了什么呢？

就在不算太久以前，关于此事的说法还貌似很简单。我们的物种在4.5万年前从中东来到这里，在竞争中战胜了尼安德特人，仅此而已。但自2010年以来，科学家们利用了从古代骨骼中提取的DNA片段，借此来探索欧洲的遗传学构成情况。他们共同讲述了一个更详细、更多彩的故事：前后有三拨智人塑造了这块大陆，每一拨都各自具有若干技能和特性，他们共同为一种新的文明奠定基础。

我们的远祖——很可能就是直立人——至少在120万年前便已首次在欧洲定居。20万年前，他们已经变成了尼安德特人。根据他们的DNA，我们得知，他们当中至少一部分人肤色很浅，长着一头红发。他们住在洞穴里，有简单的石器工具，沿着欧洲海岸线打猎和捕鱼。有些人很可能佩戴过诸如贝壳项链之类的装饰品，甚至可能还曾在伊比利亚半岛的岩石上蚀刻过简单的符号。

总而言之，他们相对来说比较高级，但却无法与一群深色皮肤的狩猎采集者相匹敌——大约4.5万年前，那些人从中东来到了这里。到了3.9万年前，尼安德特人已经不复存在。新来的人类在欧洲的森林里繁衍生息，猎取住在森林里的披毛犀和野牛。早在农民驯服牛羊之前，这些早期的欧洲人就与狼交上了朋友。像尼安德特人一样，他们中的一些人也住在山洞口——有时居住的是相同的山洞——用熊熊燃烧的火来为山洞照明和取暖。像尼安德特人一样，他们食用的也是浆果、坚果、鱼类和野味。

在3万年间，这些狩猎采集者基本上独霸了欧洲。然后，大约9000年前，新石器时代的农民们从中东来到了这里，并开始在南欧和中欧散布开来。他们带来了有关如何采集种子和播种的知识，也带来了现代欧洲饮食中的主食。除了鸡等少数动物之外，现今欧洲必不可少的那些家畜都是在这一时期来到欧洲的。

伴随着农业一起到来的，是更加定居化和明显更加现代的生活方式。固定于一处的村庄变得比原先常见了许多。某些考古遗址中显然有一排排的房屋。由于采用了定居的生活方式，一旦相邻部落之间发生冲突，迁移新址的难度就比从前加大了很多，所以他们往往会通过大规模暴力来解决矛盾。但是，从根本上讲，在新石器时代早期，欧洲人的生活还是相对与世隔绝的。最后一种缺失的要素——也是真正为欧洲文明奠定了基石的要素——仍然还要再过几千年的时间才会出现。

长久以来，考古学家们一直在争论一个问题，即是否存在着另一场进入欧洲的史前大迁徙，将一个来自欧亚大草原的神秘群体带进了欧洲。他们认为，颜那亚人（Yamnaya）建立了新石器时代晚期和铜器时代的某些文化，包括分布广泛的绳纹器文化，该文化以其独特的陶器风格而得名，从荷兰一直传播到了俄罗斯中部。

考古学界的主流观点以前一直是反对这种设想的，但这样的情况可能即将改变。2014 年，对古代 DNA 所做的一项研究首次提供了令人信服的证据，证明第三个古代种群确实塑造了现代欧洲基因库，也证明该种群起源于欧亚大陆北部。在早期的农民或狩猎采集者的基因中，并没有发现这一种群的任何迹象，唯有来自瑞典的金发狩猎采集者是个奇怪的例外。因此，携带这种基因的人必定是在大多数农民到达之后的一段时间才在欧洲变得普遍起来的。

两项独立的研究将这些基因的到来与大约 4500 年前颜那亚人进入欧洲的大规模迁徙联系了起来。他们发现，在与德国出土的绳纹器文物相关的骨骼中，有 75% 的遗传标记都可以追溯到此前在俄罗斯出土的颜那亚人。换言之，基因证据展现出了激动人心的证据，证明在 4500 年前左右，颜那亚人确实曾经大举涌入过欧洲。

颜那亚人是牧牛人。直到大约 5500 年前，他们的定居点还固守于欧亚大陆大草原上的河谷地带，唯有在那样的地方，他们和他们的牲畜才能轻易地获得水源。一项革命性技术的发明改变了一切。我们从语言学研究中得知，颜那亚人骑上了马背，最重要的是，他们充分享受到了轮子带来的自由。

有了马车，他们就可以把水和食物带到任何想去的地方，考古记录显示，他们开始占据大片的领地。这种变化可能导致颜那亚社会在离开大草原之前发生了根本性的结构转变。群落之间互相入侵彼此的领地，于是出现了一个政治框架，要求部落首领为居无定所的游荡者们提供保护，容许他们安全通过自己的领地。如果情况确实如此，那么不难想象，颜那亚人在冒险西行时，也将这种新的政治框架带到了西方。

## 奥兹国 ①

人们是如何抵达澳大利亚的？又是何时抵达的？上述问题目前仍在研究中。截至 2017 年，澳大利亚已知最古老的人类遗骸是一具被称为"蒙哥人"的骨骸，它是 1974 年在澳大利亚东南部的蒙哥湖发现的。专家们就这具骨骸的年代争论了几十年。但在 2003 年，人们证实，蒙哥人生活在距今 4 万年前。

这一点与走出非洲的说法相吻合，也支持了早期人类导致澳大利亚大型哺乳动物灭绝这种观点。有证据表明，大约 5 万年前，人类迅速散布到了澳大利亚各地，这样的证据为"闪电战"理论提供了佐证，该理论认为，在人类到来后不久，澳洲大陆上的大型哺乳动物就灭绝了。与此理论相一致的是，2016

① 《绿野仙踪》中的虚构国度。

年的一项研究表明，最早到达澳大利亚的人类很快就迁徙到了炎热、干燥的内陆地区，并开发了若干工具来适应恶劣的环境和利用当地的那些大型动物。

然而，2017 年 7 月，澳大利亚昆士兰大学的克里斯·克拉克森及其同事们公布了在澳大利亚北部一处名为"玛杰贝贝"的岩厦的挖掘结果，彻底颠覆了这种说法。此前人们将出土于这处岩厦的手工制品年代定为 6 万年前，但这些年代其实还存在争议。克拉克森在玛杰贝贝开展了进一步的挖掘，发现了他能将其年代确定为距今 6.5 万年前的手工制品。这不仅是简单地将人类居住于澳大利亚的年代提前了，并且还对人类要为大型动物的灭绝负责的观点提出了质疑——因为目前看来，人类和大型动物曾经共存了数千年。而且似乎在 6 万年前，也就是走出非洲的主要迁徙潮开始之前，澳大利亚就已经有人类居住了。目前尚不清楚这种明显的矛盾之处将会如何解决。

人们很容易就会将克拉克森的发现视作偶然而不予理睬，但仅仅过了一个月后，又有人发表了一项研究结果，似乎同样驳斥了关于走出非洲的经典说法。研究人员对印度尼西亚苏门答腊岛上一个名为"利达阿杰尔"的洞穴做了研究，这里曾经发现过人类牙齿化石。他们确认这些牙齿属于现代人类，年代介于 6.3 万—7.3 万年前。这提供了进一步的证据，证明现代人类到达印度尼西亚的年代比原来以为的时间更早，而澳大利亚当时也相距不远。

关于进入澳大利亚的迁徙还有另一个奇特之处。最先进入这块大陆的人似乎与一种未知的古人类物种杂交过。在 2016 年的一项研究中，研究人员分析了现今的澳大利亚原住民、巴布亚人、印度附近的安达曼群岛人和来自印度大陆的人的基因组。他们发现一些 DNA 片段与任何一个已知的古人类物种都不匹配。

# 新大陆

如果不计入南极洲的话，那美洲就是人类环球旅行的最后一站。就在不算太久以前，对于最早的定居者是如何以及何时抵达美洲的问题，有一个简单的答案似乎不容置疑：大约 1.3 万年前，一群亚洲人步行越过了连接西伯利亚和阿拉斯加的大陆桥，向南而行。这些人被称为克洛维斯人（Clovis），他们是娴熟的工具制造者和猎人，主要以带有凹槽的标志性矛尖工具猎杀大型猎物为生。克洛维斯人繁衍兴盛，足迹遍布了整个美洲大陆。

几十年来，这一观念都为世人所公认。但是如今，最早的美洲人的身份再度变成了一个悬而未决的问题。根据克洛维斯人最先到达美洲的理论，大约 1.35 万年前，在最后一次冰河时代的末期，人类获得了一次最终进入北美的短暂窗口期。由于大量的水被冻结在了冰盖之中，当时的海平面比现在要低，西伯利亚和阿拉斯加由一座大陆桥连接在一起，这座桥名为"白令陆桥"，而今已被淹没在白令海峡之下。当世界气候开始变暖的时候，曾将这条进入北美的道路挡住的浩瀚冰原开始后退，断裂开来形成了一条无冰的走廊，一路通往落基山脉的东部。克洛维斯人径直走了进来。

富有特色的石器遍布于美国和墨西哥北部，这些石器的存在证明了这样一种观点：1.3 万年前，克洛维斯人生活在那里，同时有 30 多种大型哺乳动物也正是在此时灭绝的，包括猛犸象、骆驼和剑齿虎。这一点正好与克洛维斯猎人的到来相吻合，可能恰是他们的杰作。

但多年以来，人们却逐渐发现了越来越多与此相悖的证据。1997 年，由 12 位杰出的考古学家组成的一个代表团造访了蒙特沃德，这是在 20 世纪 70 年代首次在智利南部发掘出的一处人类居住地遗址。最初，人们认为此地有 1.48

万年的历史。显然，这与克洛维斯人最先到达美洲理论相矛盾。这次访问成了至关重要的时间点：大多数到访的考古学家改变了原先的想法，史前史开始被改写。另外又有许多年代先于克洛维斯人的遗址被世人发现，2015 年，有人开始认为，蒙特沃德可能已有超过 1.8 万年的历史了。

近期的 DNA 研究也与昔日的正统理论有所矛盾。遗传学家比较了现代亚洲人和美洲原住民的基因组，估算了遗传差异积累形成所需的时间，他们估计，人类至少在 1.6 万年前就已进入了美洲——这比克洛维斯模型中的说法提早了3000 年。

所以，如果克洛维斯人最先到达美洲的理论是错误的，那人类又是何时来到美洲居住的呢？他们是如何到达的呢？尽管观念发生了变化，但有些事仍然没有改变。多数研究人员依旧认为最早的美洲人是从亚洲迁徙而来的，这个结论主要是基于 DNA 研究的成果。例如，2012 年，哈佛大学的大卫·赖克领导了一项研究，将分散于从白令海峡到火地岛的美洲原住民种群的 DNA 与西伯利亚原住民的 DNA 进行了比较。研究团队得出了一个有争议的结论：最早的美洲人是西伯利亚人的后裔，他们是在至少三次迁徙潮中陆续抵达的（见图6.2）。

这听起来或许和克洛维斯人最先到达美洲理论没有太大的区别，但其他研究得出的结论却有所不同。美洲原住民的 DNA 与西伯利亚人的 DNA 存在着很大的差异，表明这二者在大约 3 万年前就已分道扬镳了。这可能意味着人类进入美洲的时间要早得多。某些考古学家声称发现了一些证据，表明美洲早在 5 万年前就已有人类居住，但这些说法尚存争议。

更有可能的情况是，这些定居者并非直接来自亚洲，而是来自 3 万年前定居在白令陆桥的一个种群，他们在那里滞留了 1.5 万年，然后才继续前进，来

图 6.2　如今，人们正在考虑用从旧大陆到新大陆的替代性迁徙路线来解释遗传学和考古学的发现

到了阿拉斯加。这群人可能是被冰与位于亚洲东北部的祖先种群隔绝开来，积累了 1.5 万年的基因差异。这种情况被称为"白令陆桥滞留假说"。

然而，并非人人都坚持认为最早的美洲人是从西伯利亚来的。有着 1.8 万年历史的蒙特沃德遗址与这样的说法并不相符，尤其是鉴于此地距离假想中进入美洲的地点大约有 1.2 万千米之遥。此外，在加拿大育空地区的蓝鱼洞穴中，人们也发现一些动物的骨头上带有石器留下的印记，而这些骨头的年代可以追溯到 2.4 万年前。

克洛维斯人最先到达美洲理论的第二种替代性设想是沿海迁徙假说。一些研究人员认为，最早的美洲人并非徒步越过白令陆桥，而是乘上小船，沿着太平洋海岸线航行至此。然而，这种设想验证起来极为困难。冰川大约在 1 万年前融化，淹没了古代的海岸，海岸上的所有考古学证据也都随之沉入了海底。

尽管如此，的确还是存在一些证据的。赖克的 DNA 研究表明，随着第一次迁徙潮，最早的移民们沿着太平洋海岸一路向南而行。我们知道，古代东亚人是娴熟的航海家，大约在 3.5 万年前，他们便已到达了位于日本和中国台湾岛之间、与世隔绝的琉球群岛。还有一些考古发现也证实了这一观点。俄勒冈大学的考古学家乔恩·厄兰森已经在海峡群岛工作了几十年，该群岛位于今洛杉矶以西，他在此已经发现了一些证据，表明这里曾经存在过一种先进文明，有 1.2 万年的历史。距今 1.3 万年前的阿灵顿斯普林斯人的遗骸也是在海峡群岛上发现的。

支持沿海迁徙假说的还有迈克尔·沃特斯，他是得克萨斯农工大学最早美洲人研究中心的主任，领导了对弗里德金的发掘，弗里德金位于得克萨斯州中部，是一处前克洛维斯时代遗址。自从 2006 年开始挖掘以来，他们已经发现了超过 1.5 万件手工制品——这个数量比其余所有前克洛维斯时代遗址的手工制品数量加起来的总和还要多——年代从 1.55 万年到 1.32 万年前不等。其中绝大部分都是制造工具时产生的边角料，但也有砍砸器、刮削器、手斧、石叶和细小石叶。在沃特斯看来，这些有可能是克洛维斯技术的前身。如果定年无误的话，那么这些人抵达的时间就是在冰原后退之前，而且还需存在另一条向南的路线。这进一步佐证了沿海迁徙假说。

## 安吉克儿童

2014 年，遗传学家研究了一个美洲男孩的基因，他被称为"安吉克儿童"，死于 1.26 万年前。他是最早进行基因组测序的古代美洲人。令人难以置信的是，他竟然是美洲各地许多民族的直系祖先。这一发现首次为美洲原住民一直以来的主张提供了基因证据，即他们是最早的美洲人的直系后裔。研究还证实，这些最早的美洲人可以追溯到至少 2.4 万年前的一群早期亚洲人和一群欧洲人，他们在西伯利亚的贝加尔湖附近交配过。

我们可能永远也不会知道安吉克儿童到底是什么人——为什么他年仅 3 岁就死在了美洲落基山脉的山麓中；为什么 1.26 万年前，他会被掩埋在一大堆打磨锋利的燧石底下；或者为什么他的亲人给他留下了一个骨器，该骨器之前曾经代代相传了 150 年。

男孩的遗骨保存情况并不理想，而丹麦哥本哈根大学的埃斯克·威勒斯列夫和他的同事们还是从遗骨中提取到了足量的 DNA，对他的完整基因组进行了测序。然后，他们将得出的数据与 143 个现代非非洲人种群的 DNA 样本进行了比较，其中包括 52 个南美洲、中美洲和加拿大族群的样本。

这番比较揭示了一幅血统图。安吉克儿童与中美洲和南美洲的现代族群关系最为密切，而且与所有这些族群的接近度相同——这表明他的家族乃是这些族群的共同祖先。在北方，加拿大族群是与之相当亲近的近亲。而与西伯利亚人、亚洲人和欧洲人的 DNA 比对表明，来自阿拉斯加的族群越是靠西，与这个男孩的亲缘关系就越远。

## 进入年代比这还早？

人类首次进入美洲的年代显然仍旧存疑。有些科学家甚至宣称，有证据表明，人类出现于此的时间比这还要早上许多。例如，2003 年，在墨西哥普埃布拉附近的火山灰中，发现了 4 万年前的人类脚印。英国利物浦约翰摩尔大学的西尔维娅·冈萨雷斯认为，这表明新大陆有人类居住的时间比所有人认为的还要早得多。但后来的研究表明，这里的火山灰在 130 万年前就已经凝固了，这个时间远远早于我们这个物种进化形成的年代。现在，包括冈萨雷斯在内的所有人都一致认为，这些脚印并非真正的脚印。

同样，2013 年，研究人员又声称在巴西的一处遗址发现了 2.2 万年前的石器。这可能意味着人类在最后一次冰河时代的鼎盛期就已生活在南美洲了——虽然这不像冈萨雷斯的说法那么极端，但距离达成共识还为时尚早。不过，并非所有人都承认这些所谓的石器是真正意义上的石器。

最令人震惊的结论是在 2017 年发表的。在加利福尼亚一处遗址的发现表明，人们最早到达新大陆的时间可能至少是在 13 万年前——这比传统的想法提早了 10 万年还多。如果证据确凿的话，那么，最早到达美洲的人可能是尼安德特人或丹尼索瓦人，而不是现代人类。

该证据来自圣地亚哥县沿海的一处遗址。20 世纪 90 年代初，高速公路挖掘工作发掘出了属于一头乳齿象的骨骼化石，乳齿象是大象已经灭绝的近亲。这些骨头和牙齿有许多都已碎裂。除了这些化石之外，研究人员还发现了一些鹅卵石，其表面带有明显的撞击痕迹，这表明人类曾经使用石器来击碎骨头。但一项定年研究表明，这些遗骸已有 13.1 万年的历史了。

遗址现场没有发现人类化石。但 13 万年前，尼安德特人和丹尼索瓦人都有可能已在西伯利亚生活。由于当时海平面很低，而且就在这一时期之前，西伯利亚和北美之间曾有一道大陆桥相连，所以仅就理论上而言，这两个群体都有步行跨过大陆桥的可能。又或者，也有可能是现代人类，即智人，在 13 万年前来到了新大陆。

目前，这一切尚属猜测，因为大多数人类学家都不相信这样的结果。所谓的石锤和石砧尤其经不起推敲，因为它们仍然有可能并非真正的石器。

# 7

# 文明及其他

在我们这个物种存在的大部分时间里，我们都是以狩猎采集者的身份生活着——通常是小群体聚居，如今我们可能会将这样的群体称为"部落"。然后，大约 1 万年前，情况发生了变化。我们开始生活在人口密集的村庄、城镇，最终进入了城市。我们学会了读和写，学会了如何制造机器，如何建起高耸的建筑物和纪念碑，我们开始了战争。简言之，我们创造了文明。

# 真正的第一代农民

1910 年 2 月，英国植物学家莉莲·吉布斯徒步穿过加里曼丹岛北部，登上了基纳巴卢山，她是一行人中唯一的白人女性，同行的还有 400 个当地人。她后来写道："在这个国家，似乎没有小说中描写的'无人涉足过的丛林'。森林中的每一处都经过精心的整饬，而且这已是世世代代劳作的成果。"

吉布斯目睹的是一片似乎经过筹划安排的热带森林，当地部落会定期在此点火，被人选中的野生果树周围留有仔细清理出来的空地，为这些果树提供了茂盛生长的空间。森林似乎经人分割过，以便长出尽可能多的藤条、用于编织篮筐的植物纤维、药用植物和其他产品。一代又一代的人们都曾照料过这些树木，逐渐形成了他们生长于此的这片森林。这并非我们如今所知的农业，而是一种更古老的耕作方式，可以追溯到 1 万多年前。吉布斯与"新月沃土"相隔了半个地球——那里位于中东地区，曾被视为最早定居下来从事农业的群落所在地——但她却在此地目睹了人类最早的农耕活动留下的鲜活孑遗。

近年来，考古学家几乎在每一块大陆上都发现过这种"原始农耕"的迹象，这改变了我们对农业开端的看法。在新月沃土发生了一场突如其来的农业革命，产生了巨大的效益，以至于这场革命迅速席卷了全世界——这样的简单故事已经成为过去。事实证明，农业在许多地方诞生过许多次，而且鲜少会立刻取得成功。简言之，所谓农业革命并没有发生过。

农耕被视为人类历史上的一项关键创新。在此之前，我们的祖先曾在大地上游荡，采集可供食用的水果、种子和植物，并猎取他们能找到的各种猎物。他们生活在机动的小群体中，一般是根据猎物的移动来建立临时性的住所。据说后来，大约 1 万年到 8000 年前，一个晴朗的日子里，在新月沃土，有人注意到他们先前偶然间留在地上的种子发芽了。随着时间的推移，人们学会了如何种植和照料植物，以便最大限度地利用其价值。通过一代又一代的培育，野生植物逐渐转变为形形色色的驯化品种，其中大多数品种我们至今仍在食用。

人们认为，这一系列事件不可逆转地塑造了人类的发展进程。随着农田开始在大地上出现，我们就可以养活更多的人。人口数量本来已经在增长，并且最大限度地利用了狩猎采集者所能获得的资源，此时人口发生了爆炸。与此同时，我们的祖先改变了居无定所的习惯，转而定居下来：这就形成了最早的村庄，附近有毗邻的农田和牧场。食品的供应变得更加稳定，腾出了一些时间，让人们有工夫从事新的任务。从事专门手艺的人诞生了，也就是最早的专业工具制造者、农民和看护者诞生了。复杂的社会开始发展形成，村庄之间的贸易网络也开始有所发展。正如大家所说，余下的事就尽人皆知了。

农耕带来的巨大影响获得了世人的广泛认可，但最近几十年来，关于农业起源的说法已经被彻底颠覆了。如今我们得知，虽然新月沃土的居民无疑也在最早的农民之列，但他们却并非绝无仅有。考古学家们现在一致认为，从中美洲一直到中国，农耕至少在 11 个地区都曾独立"诞生"过（见图 7.1）。数十年的挖掘已经让许多古代原始农耕的实例重见天日，与吉布斯在加里曼丹岛所目睹的情况有些类似。

考古学家正在重新思考另一个观点：我们的祖先是被迫务农的，当时人口增长所需的食物超过了土地在天然条件下的供应量。

假如人类果真是出于饥饿和绝望才开始种植农作物，那么按理说，当气候条件恶化时，他们就应当越发努力才是。而事实上，亚洲和美洲的考古遗址都表明，最早的种植活动发生在相对稳定而温暖的气候条件下，当时野生食物应当颇为丰富。

● 新月沃土　　● 新的农业中心

图 7.1　农耕曾在世界各地兴起过若干次，而非仅仅诞生于新月沃土

也没有太多证据表明早期农耕恰巧是与人口过剩的情况同时出现的。例如，当农作物首次出现在北美东部时，人们还居住在分散的小规模定居点。最早的南美农民也是生活在条件最好的栖息地，在这样的地方，资源出现短缺的可能性相当小。同样，在中国和中东，较之由于人口稠密导致通过觅食来果腹变得不切实际的时间，驯化作物出现的时间也是远远在前的。

相反，最早的农民可能是出于好奇才开始了栽培作物的实验，而非迫于必要。他们并没有面临什么压力，这可以解释为什么在那么多社会中，人们会将种植作物当成一种低强度的副业，代代相传了那么久，几乎变成了他们的一种爱好。直到很久以后，人口稠密的定居点才迫使人们放弃了野生食物，转而几乎完全依赖农耕而生存。

最初的实验开始的时间，很有可能是一群群狩猎采集者开始改变地貌以促使最为丰饶的栖息地形成的时候。在东南亚的那些岛屿上，早在最后一次冰河时代，人们就已开始焚烧一片片的热带森林，这样就形成了一些空地，让带有可食用块茎的植物得以茁壮生长。在加里曼丹岛，这类迹象可以追溯到 5.3 万年前；在新几内亚，则可以追溯到 2 万年前。我们确信他们焚烧森林是刻意而为之，因为焚烧留下的木炭在气候潮湿的时期数量最多，而这样的时期，自然火灾相对不那么常见，人们却会奋力击退森林的蚕食。

焚烧森林应当也给猎人带来了益处，因为在森林的边缘更容易发现猎物。在加里曼丹岛北部海岸的尼亚洞穴，研究人员在早期猎人的遗骸中发现了数百块猩猩的骨头，这表明森林在经历过一次焚烧之后又重新生长形成，致使这些猿类所处的位置降低，即便此时人们尚未发明吹箭筒，这样的位置也足以使得猎人将其捕获。大约 1.3 万年前，当最后一次冰河时代被更加温暖湿润的全新世代替时，焚烧森林的行为很可能越发变本加厉。此时加里曼丹岛的降雨量增加了一倍，使森林变得更加茂密，假如没有火，人们就会很难寻觅到食物。

这样的情况不仅发生在东南亚，气候变化也促使中美洲和南美洲的狩猎采集者开始人为地整治地貌。

在最后一次冰河时代末期，草原这种完美的露天狩猎场开始被封闭的森林所取代。1.3 万年前，人们在旱季焚烧森林，因为旱季火势会蔓延。如今，研究人员正在非洲、北美和巴西发现类似治理活动的证据。

从焚烧森林到积极培育受欢迎的野生物种，其间仅有短短的一步之遥，在某些地方，在最后一次冰河时代结束后不久，野生物种的培育便开始了。例如，至少在 1.3 万年前，新月沃土便出现了在耕地上蓬勃生长的杂草，而在大约 7000 年前，新几内亚高地人就开始在松软的湿地上筑土堆，以便种植香蕉、山药和芋头。在南美洲的部分地区，早在 1.1 万年前，就已出现了诸如葫芦、南瓜、竹芋和鳄梨这些栽培作物的痕迹。

有证据表明，这些人以小群体聚居而生，经常在岩石悬挑下或浅洞里栖身，除了寻觅野生植物为食之外，他们还沿着季节性河流的岸边照管小块的土地。他们早期的劳动与今天的农耕方式看起来不太一样，倒像是菜园：位于河岸和冲积扇上精细管理的小块土地，很可能提供不了多少热量，反倒或许可以提供价值不菲的食物，以供在特殊场合使用，比如大米。

长期以来，考古学家一直认为，这种原始农耕是彻底驯化的作物昙花一现的前身。他们认为，通过对类似于更大的种子、更容易收割等性状加以选择，最早的农民迅速改变了植物的基因构成，从而培育出了现代的驯化品种。毕竟，在过去的几百年间，类似的选择在狗身上就已带来了巨大的变化。

但是，随着新的考古遗址的发现，加之重新鉴定古代植物遗迹的技术有所进步，我们已经清楚地发现，农作物的驯化过程往往非常缓慢。

在中东、亚洲和新几内亚的大部分地区，原始农耕出现之后，至少要经过 1000 年的时间——往往需要几千年——驯化作物的基因迹象才会开始出现。

即使是在农作物被驯化之后，也往往要经过一段滞后期，人们才会开始依赖这些作物来提供大部分的热量，有时甚至要等上数千年。在这个漫长的过渡期内，人们的表现往往像是还没有拿定主意，不知对这种新奇的农业技术应当信任到怎样的程度。

记录还显示，在其他地区出现了一段漫长的重叠期，在此期间，有些文明社会同时食用野生食物和驯化作物。在 8700 年前的墨西哥南部居民的牙齿上，我们发现了淀粉颗粒，从其类型可知，当时他们吃的是驯化过的玉米，然而，大规模刀耕火种的农业要等到将近 1000 年后才诞生。在若干实例中（例如斯堪的纳维亚），有些社会先是开始依赖于驯化作物，后来等到人们未能在耕作上取得成功时，就转而重新食用野生食物了。在北美东部，大约 3800 年前，美洲原住民已经驯化了南瓜、向日葵和其他几种植物，但一直等到 1100 年前，他们才真正致力于农业生产。

总之，农业的历史并非如同教科书上说的那样，与其说是一场突然发生的农业革命，倒不如说是一次农业进化，经历了一个漫长而持久的过程。

## 身为狩猎采集者的我们是如何生活的：采访贾雷德·戴蒙德

贾雷德·戴蒙德是加州大学洛杉矶分校的地理学教授。在此，他谈到了在 2012 年出版的《昨日之前的世界》一书中对当今部落社群的研究，以便了解我们从前曾经过着怎样的生活。

**问：部落社群养育孩子的方式有何不同？**

答：来自外界的观察者普遍会被部落社会中的儿童早熟的社交技能所震撼。在大多数传统文化中，孩子都享有自己做决定的权利。有时这会让我们感到恐惧，因为一个两岁的孩子可以自行决定在火堆边玩耍，结果把自己烧伤。但他们的态度就是孩子必须从自身的经历中学习。

**问：在这些传统社会中，家庭和社群扮演着怎样的角色？**

答：孩子们和父母睡在一起，所以他们拥有绝对的安全感，他们想什么时候获得大人的照顾都可以。他们生活在多年龄段的小组中，所以，等长到十几岁的时候，他们已经花了 10 年时间来抚养年幼的弟弟妹妹们了。

**问：有什么负面的问题吗？**

答：这些社会所做的许多事情都很了不起，而在我们看来，他们的某些所作所为似乎也很可怕，比如偶尔会杀死部落里的老人或婴儿，或者持续不断地发动战争。

问：在怎样的情况下老人会遭到杀害？

答：在大多数定居在村庄里的传统社会中，老人的生活都比西方社会中的老人更幸福、更满意。他们与亲戚、孩子和终生好友共同生活。在一个没有文字的社会里，老人因其所具备的洞察力和知识而备受重视。但在游牧社会，残酷的现实就是：如果人们不得不搬家，而且已经带上了孩子和财物，就没办法把老人也带走。他们别无选择。

问：游牧部落里的老人会有怎样的遭遇？

答：有一系列的选择，最后都以老人遭到抛弃或杀害而告终。最温和的做法是丢下老人，留下食物和水，说不定他们还能恢复体力、追赶而来。在某些社会中，老人会主动要求被杀。在另外一些社会中，则是其他人主动杀死他们。例如，在巴拉圭的阿什人中，有些年轻人的工作就是专门杀害老人。

# 最早的文明

还有许多考古学家怀疑，农耕并非我们长期以来认为的那样，是人类走向文明的第一步。

英国雷丁大学的史蒂文·米森花费了数年时间，在约旦南部挖掘石器时代的遗迹。他发现了一座原始村庄留下的遗迹。当研究团队在他们原本以为是垃圾场的一处地方挖掘时，一个学生偶然发现了一块经过抛光的坚固地板——这样的工艺品可不像是白白浪费在公共垃圾场这种地方的货色。随后他们又发现了一系列刻有波浪形符号的平台。这显然不是当地的垃圾场。

现在，米森将这处建筑看作一座小型圆形剧场。在一座大致呈圆形的建筑一侧排列着若干长凳，看起来像是为了庆祝活动或盛大演出而专门建造的——也许是用于宴会、音乐、仪式，或者其他令人毛骨悚然的活动。地板上有一连串的沟渠，献祭者的鲜血或许曾在疯狂的人群面前沿着这些沟渠流淌。此地如今被称为"费南谷地"，无论过去这里曾经发生过什么，这处遗址都足以改变我们对过去的认识。它有 1.16 万年的历史，出现的时间在农耕诞生之前——这意味着人们在创造出农业之前就已经在修建露天剧场了。

这与人们料想的不一样。对于"新石器时代革命"这一概念，考古学家们早已烂熟于心，在此期间，人类放弃了数千年来一直过得相当不错的游牧生活，在固定于一地的农耕社群中定居下来。他们驯化了植物和动物，开创了一种全新的生活方式。

大约 8300 年前，黎凡特的人们已经掌握了新石器时代的全部技术：带有公共建筑的定居村庄、陶器、家畜、谷物和豆类。艺术、政治和天文学同样也起源于这一时期。然而，这里却出现了一个定居点，年代还要再提早 3000 多年，这里呈现出了许多这类创新的迹象，但却看不到农耕技术的踪影，而在我们的猜想中，正是这门技术让这一切得以开始。建造费南谷地的人固然不是游牧民族，但也不是农民，他们很可能几乎纯粹依赖狩猎和采集为生。

这样看来，让这些人聚集到一起的似乎并不是农业，而是某些截然不同的动力，比如宗教、文化和宴会。不必介意稳定的食品供应带来的实际好处，播下文明之种的可能是某种理性得多的力量。

在 20 世纪的绝大部分时间里，对于新石器时代，我们都是通过近代社会剧变（也就是工业革命）的这种视角来看待的。在某种程度上而言，这个想法源于马克思主义考古学家维尔·戈登·柴尔德。眼见在工厂大楼和"黑暗的撒旦工厂"周围结合形成了城市社会，柴尔德猜测，最早的农场与此类似，可能也成了快速发生的社会及文化变革的温床。

他提出，大约 1 万年前，这场变革在黎凡特开始了。随着冰河时代的结束，该地区变得更加干旱，唯独河流沿岸有一小片一小片葱翠的土地。由于只能在这些有限的区域内觅食，居无定所的狩猎采集者便发现，在某个地方种植大麦和小麦更行之有效。随之而来的是一场婴儿潮。在 1936 年出版的《人类造就自身》一书中，柴尔德写道："如果有更多张嘴要养活，就会有更多的人手来耕种……蹒跚学步的幼儿可以帮忙除草和吓跑鸟儿。"随着农民的庄稼苗壮生长以及家庭的兴旺，他们的手艺也兴盛起来，包括木工和陶艺，社会随之变得更加复杂。不断发展的社群应当也成为一片沃土，让更有组织的宗教形式得以繁荣。

至少这一理论是这样认为的。《人类造就自身》被许多考古学家奉为圭臬，即便是在其中的某些假设开始出现漏洞的时候也是如此。例如，对气候的研究表明，冰河时代之后的气候变化并不像柴尔德所认为的那样剧烈。如果没有环境触发的火花，人们就不免怀疑农业是否带来了任何真正的益处。特别是在需要填饱肚子的人为数不多的情况下，从大自然的粮仓里夺食就跟需要种植、除草和收获的辛苦劳作一样有效。那又何必做出改变呢？

到了 20 世纪 90 年代，继人们在安纳托利亚进行挖掘之后，这些微小的漏洞就变成了巨大的缺陷。一处名为"尼瓦里·科利"的遗址，已经吸引了人们的注意。该遗址大约有 1 万年的历史。虽然它看似是原始农民居住的一个简单定居地，但考古学家们也在这里发现了某些代表着较为先进的文化的迹象，具体表现为一系列的公共"宗教建筑"，其中满是令人毛骨悚然的艺术作品。

相对于年代如此久远的建筑而言，这处建筑相当庞大，也相当复杂。其内部所包含的一些东西甚至更能说明问题。在一处雕塑上，一条蛇在一个人的头上扭动；另一处雕塑刻画的是一只猛禽正落到纠缠在一起的双胞胎头上。其中最引人注目的特色是一组怪异的拟人化"T"形巨石，侧面刻着没有脸庞的椭圆形头颅和人手。当人们坐在墙壁周围的长凳上时，这些纪念碑必定就像哨兵一样，赫然耸立在他们头顶上方。

遗憾的是，当幼发拉底河上建起阿塔图尔克大坝时，这处遗址被淹没了。但一位叫作克劳斯·施密特的考古学家，开始在周围的乡野间搜寻，企图找到有关这个失落的社会起源之地的进一步线索。在这次旅程中，他来到了一处名为"哥贝克力石阵（Göbekli Tepe）"的小丘上。当时这座绿草如茵的小丘已经颇受当地人的青睐，他们到这里来膜拜神奇的"许愿树"，但真正令施密特为之瞩目的是一块巨大的石灰岩，它与尼瓦里·科利的那些"T"形巨石非常相似。

没过多久他就意识到，自己在偶然间取得了更加非同寻常的发现。他找到了掩埋于山脚下的三层遗迹，其中令人印象最为深刻的是年代最早的遗迹，已有超过 1.1 万年的历史，有一座直径达 30 米的圆形"圣殿"，建得犹如迷宫一般。内墙周围是宏伟的"T"形纪念碑，围绕着两根更大的柱子，就像朝圣者围绕着他们膜拜的偶像。其中的一些雕有腰带和长袍，考虑到它们巨大的尺寸——大约相当于现代人身高的 3 倍——和抽象的外观，施密特将其解释为代表着某种类似神灵的形象。

若说尼瓦里·科利是一座不起眼的教区教堂，那么哥贝克力石阵就是一座大教堂。奇怪的是，每一处圣殿似乎都经过拆除，过了一段时间之后又被刻意回填过——也许这是某种仪式的一部分。在一片杂乱的残骸中，施密特的团队发现了许多骨骸，其中也包括人类的遗骸。他的团队还发现了大量的乌鸦——众所周知，这些鸟类会被尸体吸引而来。出于这个原因，施密特的团队认为，这些建筑物的某些用途可能是围绕着死亡而展开的。

我们永远也无从得知那里曾经发生过什么，但施密特做出了一些猜测。从一开始，他就对那些像门一样的怪异"舷窗石"十分着迷，这些石头是在圣殿内部发现的，往往以可怖的捕食者和猎物图作为装饰。由于中央的孔洞一般都与人体的尺寸相当，施密特猜想，这里的来客可能是从孔中爬过，象征着进入来生。

很明显，哥贝克力石阵是一个复杂社会的产物，该社会或许有能力组织起多达数百人参加劳动。在新石器时代早期刚刚兴起的文化中，社会复杂性竟然达到了这样的程度，这未免出乎我们的预料。原本我们以为，要等到农业诞生之后再过上许久，这种类型的发展才会出现，同时复杂的艺术品和思想意识也会随之诞生。然而，施密特并没有发现任何耕种的迹象。驯化玉米的玉米穗更为饱满，通过这项特征，我们就可以将其与野生的祖先物种区分开来，但却没有发现驯化玉米的踪迹。更奇怪的是，并没有确凿的证据表明哥贝克力石阵存在任何形式的永久性定居点。这里距离供水系统太过遥远，施密特也几乎没有发现任何在定居点中应当会有的炉灶、火坑或工具的迹象。

施密特得出的结论很激进。他提出，哥贝克力石阵是一处专门的朝圣地，它可能是久已有之的集会和庆典传统的集大成者。重要的是，是思想意识而不是农耕，让这些人聚集到一起，形成了一个更庞大的社会。事实上，可能正是因为需要在这样的集会上为人们提供食物，农业才得以出现——这彻底颠覆了有关新石器时代革命的最初构想。很能说明问题的是，近期的基因研究准确定位了驯化小麦的起源地，正是在非常接近哥贝克力石阵的地方。

施密特的发现震惊了考古学界，也引起了世人更广泛的关注。这座"最早的神庙"很快就引来了一大帮朝圣者，电影制作人、考古学家和游客们也都蜂拥而至。

其他研究人员则对此表示怀疑。既然原先这里的人们习惯定期将圣殿埋藏起来,这就意味着始终存在这样的可能性:古老的遗迹——而非当代的碎片——会被挖出来倾倒在纪念碑上。这样一来,这座神庙的年代就会缩短数百年或数千年,从而使其具备的革命性大为降低。另一些人则对施密特宣称哥贝克力石阵是朝圣地而非定居点的说法表示怀疑。

这些担忧倒未必会动摇施密特更为宽泛的理论,即推动我们走向文明的是文化,而不是农耕。不过很明显,要对这一理论加以拓展,考古学家就需要把目光投向更远的地方。幸运的是,几乎是从哥贝克力石阵被发现的那一刻起,他们就开始了搜寻。沿着幼发拉底河往下游再走一点,越过边境,进入叙利亚,法国研究人员发现了三座新石器时代早期的村庄,分别名为嘉德、特拉巴和杰夫埃尔 – 阿马尔。虽然它们显然更像是永久性定居点,而非朝圣地,却都建有装饰华丽的大型公共建筑,似乎与哥贝克力石阵一样,属于同一种复杂的仪式文化的产物(见图7.2)。

随着叙利亚内战的肆虐,这些定居点现在已经无法进入,但在杰夫埃尔 – 阿马尔,烹饪用的锅里和屋内的火堆中残留着烧焦的种子留下的遗迹,表明最早的居民仍在采集种类繁多的包括小扁豆的野生谷物。然而,在后来的上层遗迹中,少数物种开始占据主导地位,也就是那些后来被人们驯化的物种。还有证据显示存在着不可能在该地区自然生长的引进作物。因此,在此地居住期间,到了较晚的阶段,杰夫埃尔 – 阿马尔的人们很可能已经开始栽培植物了。不过要点在于,他们开始构建复杂社会的时间远远早于种植农作物的时间。

2010年,米森首次发掘出了位于约旦费南谷地的"圆形剧场",那里所处的位置要靠南得多,而显示的情况也与此处类似。这座圆形剧场的建

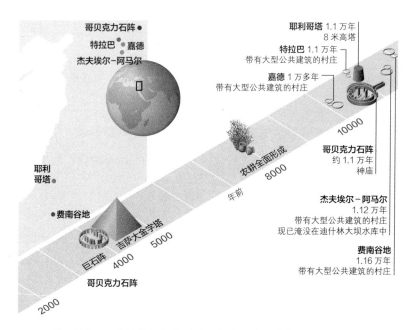

图 7.2 黎凡特地区近期的发现表明，在农业诞生之前，人们便已生活在大型定居点，并建造了神庙

筑面积接近 400 平方米，差不多相当于两个网球场，是继哥贝克力石阵之后发现的最庞大的古代建筑之一。它还被其他房间组成的"蜂巢"环绕着，米森猜测这些房间可能是作坊。重要的是，这些遗迹整整齐齐地逐层排列着，让考古学家得以将这座遗址的确切年代定为 1.16 万年前，也就是新石器时代的开端。同样，最初的居民似乎也是狩猎采集者。

## 最早的文字

　　书面文字的发明是人类文明取得的独特成就之一。它使我们得以积累知识和智慧，并将其传给后代，传递的信息量之大是前所未有的。但书面文字的起源可能比我们曾经猜测的要早得多。

加拿大维多利亚大学的古人类学家吉纳维芙·冯·佩金格尔正领导着一项非同寻常的洞穴艺术研究。她的兴趣不在于经常浮现在人们脑海里的那些令人惊叹的公牛、马群和野牛的绘画，而在于频繁在这些绘画旁边发现的较小的几何符号。她的研究工作让她相信，这些简单的图形远非涂鸦，而是代表着我们祖先的思维技能发生的一次根本转变。

我们已知最早的正式文字系统是有 5000 年历史的楔形文字，发现于古城乌鲁克，地处今伊拉克。但是楔形文字和其他类似的文字系统——比如埃及象形文字——都很复杂，并不是凭空产生的。人们最开始使用简单的抽象符号的时间必定比这更早。多年来，冯·佩金格尔一直想弄清楚：早在 4 万年前，人类就开始在岩壁上留下这些圆圈、三角形和弯弯曲曲的线条，这些图形出现的时刻是否就代表着人类最早代码的诞生？

如果情况确实如此，这些符号就相当重要。我们用抽象符号表达概念的能力是其他任何一种动物都不具备的，甚至连与我们最接近的近亲黑猩猩都做不到。可以说，这同时也是我们先进的全球文化存在的基础。

2013 年至 2014 年，冯·佩金格尔探访了散布在法国、西班牙、意大利和葡萄牙的 52 个洞穴。她发现的符号既包括点、线、三角形、正方形和之字形，也有更复杂的形状，比如梯子形、手形、一种名为"屋顶形"的形状（看起来有点像带屋顶的柱子），还有"羽形"（形状像羽毛）。在某些地方，这些符号是较大的画作当中的一部分。而在其他地方，它们则是单独存在的，就像在西班牙北部的卡斯蒂略发现的一排钟形符号，或是在西班牙桑蒂安发现的 15 个羽形符号。

幸亏有了冯·佩金格尔一丝不苟的记录，现在我们才有可能看出其中的趋势——新的符号在一个地区出现，在一段时间内始终很常见，然后就不再流行了。研究还显示，在首次定居欧洲时，现代人类使用了这些符号当中的2/3，这就说明可能存在另一种有趣的可能性。"这看起来不像是一项全新发明的初始阶段。"冯·佩金格尔在其著作《符号侦探》中这样写道。换言之，当现代人类首次从非洲迁徙到欧洲时，他们必定在脑子里带着一本符号字典。

在南非的布隆伯斯洞穴发现过一块7万年前的赭石，上面蚀刻着交叉花纹图形，与这一发现非常吻合。冯·佩金格尔曾经翻阅过若干考古学论文，以寻找前人论及欧洲以外洞穴艺术中的符号的相关内容或插图，她发现，在她记录的那32个符号中，有许多符号在世界各地都有使用（见图7.3）。甚至有引人遐思的证据表明，大约50万年前，有年代更早的人——直立人——曾在爪哇岛的贝壳上有意蚀刻过一个"之"字形。

尽管如此，在冰河时代的欧洲似乎发生了非常特别的事情。冯·佩金格尔频频发现，在不同的洞穴里，某些特定的符号会一起使用。例如，从4万年前开始，在点状符号旁边就经常发现手形符号。后来，在2.8万—2.2万年前，这些符号通过拇指印和指缝符号——拖动手指穿过松软的洞穴沉积物形成的平行线——连接到了一起。

如果你正在寻找文字系统的深层起源，那么这种类型的组合就格外有趣。如今，我们可以毫不费力地将字母组合成单词，将单词组合成句子，但这是一项复杂的技能。冯·佩金格尔想知道的是，旧石器时代晚期（始于4万年前）的人们是否已经开始尝试刻意采用重复的符号序列，用更复杂的方式来对信息加以编码。可惜的是，从绘在洞穴岩壁上的符号来看，我们很难判断它们的布

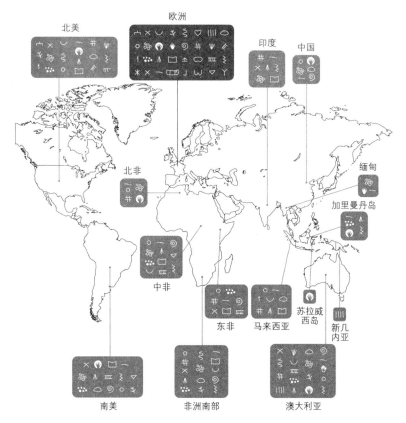

图 7.3　在石器时代的欧洲遗迹中发现的符号在世界各地的洞穴中也都能找到。这些符号的相似之处表明，它们不仅仅是随意的乱涂乱画

局究竟是刻意为之的，还是完全随意的。

　　这些符号是否确实属于文字，取决于如何定义所谓的"文字"。严格地说，一套完整的文字体系必须对人类的口头语言全部加以编码，这就将石器时代的符号排除在外了。但是，如果我们把文字理解为一套对信息进行编码和传递的系统，那就可以将这些符号视为文字发展中的早期步骤。

冯·佩金格尔之所以认为这些符号很特别，还有另外一个原因：它们很容易描绘。从某种意义而言，这些形状所具备的简单特质使其更容易获得普遍应用——而这正是有效的交流系统的一个重要特性。最重要的一点在于，她认为，发明最早的代码代表着我们祖先在信息的共享方式上发生了彻底的转变。这是他们第一次不再需要在同一时间、同一地点进行相互交流，信息可以比掌握信息的人存续得更久。

## 旧石器时代确实存在色情作品吗？采访艾普丽·诺维尔

艾普丽·诺维尔是研究旧石器时代的考古学家。2014 年，她发表了一篇与梅拉妮·张合著的论文，探讨了某些史前雕像是否属于色情范畴。

**问**：都有哪些旧石器时代的图像和手工制品被人形容成是色情作品？

**答**：如维伦多夫的维纳斯女体雕像，具有某些夸张的解剖学特征。还有古老的岩石艺术，比如法国阿布里卡斯塔内遗址的图像，据推测是在描绘女性生殖器。

**问**：您对这种解释持有不同意见。传播这种说法的责任在谁，是记者还是科学家？

**答**：史前文化令人着迷，媒体想写些吸引读者的故事——用一句老套的话来说，跟性扯上关系的东西就畅销。但是，当《纽约时报》在头条大书"《花花公子》的前身：岩石中的图像"之时，当《探索发现》杂志根据"具有 2.6 万年历史的著名雕像'维伦多夫的维纳斯'……拥有 G 罩杯的胸部和河马似的臀部"，就断言男人痴迷于色情作品的历史可以追溯到"克罗马农人的年代"之时，我认为这就越线了。公平地说，考古学家也负有部分责任——我们需要谨慎地选择措辞。

问：对旧石器时代艺术的其他解读不是跟称其为色情作品一样，也属于人们的推测吗？

答：确实如此，但是当我们对旧石器时代的艺术做出更宽泛的解读时，我们谈论的是"狩猎魔法""宗教"或"丰产魔法"。我认为，这些解读不至于带来跟色情作品相同的社会影响。当受人敬重的期刊——比如《自然》——使用诸如"史前招贴画女郎"和"有3.5万年历史的性对象"这类措辞之时，当某一家德国博物馆宣称一具雕像"要么是大地母亲，要么就是招贴画女郎"时（就仿佛史前根本不存在任何其他女性角色似的），这样的话就有了分量、有了权威性。这便使得记者和研究人员——尤其是进化心理学家——可以将当代西方的价值观和行为追溯到"史前的迷雾"，从而将其合法化、自然化。

## 由战争所塑造

纵观历史记载，长期以来，战争一直困扰着人类社会。关于最早的那些文明，如苏美尔文明和迈锡尼希腊文明，相关记载中都充斥着战争，而且，考古学家已经发现了年代更早的战争和屠杀留下的证据。所有这些都提出了一个问题：我们为什么要发动战争？人类社会为战争付出了巨大的代价，然而，尽管我们在智力上有所发展，直到进入了21世纪，我们仍在继续发动战争。

自21世纪初以来，出现了一种新的理论，对人们普遍认同的一个观点提出了质疑，即战争是人类文化的产物，因此是一种相对较晚出现的现象。人类学家、考古学家、灵长类动物学家、心理学家和政治学家首次几乎达成了共识。他们提出，战争不仅和人类本身一样古老，而且还在我们的进化过程中发挥了不可或缺的作用。这一理论有助于解释在某些常见方面发生的演变，如帮派斗争等类似战争的行为。它甚至还表明，为了成为有用的战士，我们不得不培养合作的技能，这样的技能已经变成了现代人为一个共同目标效力的能力。

荷兰阿姆斯特丹自由大学的进化心理学家马克·范福特认为，战争早已存在于我们与黑猩猩的共同祖先之中，并且影响了我们的进化。研究表明，在当代的狩猎采集者中，战争造成男性死亡占到了男性死亡原因的10%或以上。

一段时间以来，灵长类动物学家已经知道，在与我们最接近的近亲黑猩猩的群体中，有组织的致命暴力行为是很常见的。然而，无论是在黑猩猩之间，还是在狩猎采集者之间，群体间的暴力与现代的激战都截然不同。不同之处在于，这种暴力采取的形式往往是用压倒性的力量来进行短暂的袭击，这样一来，侵略者就几乎不会面临受伤的风险。这种机会主义的暴力形式有助于侵略者削弱敌对集团，从而扩大其领土。

人们认为，这样的袭击之所以有可能发生，是因为人类和黑猩猩不像大多数的群居哺乳动物，我们经常离开主要群体单独行动，或以较小的群体为单位进行觅食。倭黑猩猩与人类的亲缘关系和黑猩猩一样近，它们却几乎或根本不存在群体间的暴力，这可能是因为在它们生活的栖息地更容易获得食物，所以它们就无须离开主要群体在外游荡。

假设群体性暴力在人类社会中已经存在了很长一段时间，那么，我们就应该已经进化出了与好战的生活方式相符的心理适应性。与此相一致的是，有证据表明，男性——他们体型较魁梧、肌肉更发达，因而更适合战斗——已经进化出了一种倾向，即在群体之外进行侵略，但在群体内部进行合作。

相比之下，女性的侵略倾向于采取言语暴力而非身体暴力的形式，而且大多是一对一的。女性也有可能已经进化出了帮派本能，但程度比男性要轻得多。其中原因可能部分源于我们的进化史，在进化过程中，男性往往更强壮、更适合采用身体暴力。这可以解释为什么女性帮派往往只在类似监狱或中学这样的同性环境中才会形成。但是，由于女性承担了抚养孩子的大部分工作，她们因为侵略性而失去的也会更多。

不出所料的是，一项研究表明，在角色扮演游戏中扮演一个虚拟国家的领导人时，男性比女性表现得更具侵略性。不过在群体关系中有更加微妙的反应。例如，男大学生比女大学生更愿意为集体活动捐款——但仅仅是在与其他大学竞争时才会如此。如果告知他们，这个实验是为了测试他们对群体合作的个人反应，那么男性就会很勉强地支付比女性少的现金。换句话说，男性的合作行为只出现于存在群体间竞争的环境中。

可以说，这种行为部分可归为有意识的心理策略，不过，密苏里大学哥伦比亚分校的人类学家马克·弗林业已发现，在激素水平上也会产生群体导向的反应。他发现，加勒比海多米尼加岛上的板球运动员在击败了另一个村庄的队伍以后，睾丸激素水平会出现激增。但是，在击败同村的球队时却并不存在这种激素的激增，也不存在由此引发的主导性行为。同样，在潜在的伴侣面前，男性往往也会出现睾丸激素水平激增的情况；可是，如果面前的女性正在与该男性的朋友交往，这种激增反应也会减弱。这种效应同样也是为了减少群体内部的竞争。

所有这一切导致的最终结果，就是雄性群体具备了他们自身独特的动力。不妨想一想野战排里的士兵，或是小镇上的足球迷：有凝聚力、自信、好斗——这些正是战士群体所需要的特质。黑猩猩不会像我们这样发动战争，那是因为它们缺乏抽象思维，无法将自己视为一个超出直接伙伴之外的集体当中的一部分。

然而，我们进化史的真实历程可能不仅是战争推动了社会行为的进化。塞缪尔·鲍尔斯是新墨西哥州圣达菲研究所及意大利锡耶纳大学的经济学家，他认为，真正的推动因素是"战争与和平带来的其他益处之间的相互作用"。尽管女性似乎有助于在群体内部为达到和谐而斡旋，但男性可能更善于在不同群体之间维系和平。

我们好战的过往可能也给我们带来了其他的礼物，尤其是战争需要大量的合作。这似乎是一个值得保留的传统。

### 最和平的时代：采访史蒂芬·平克

史蒂芬·平克是哈佛大学的心理学教授。他于 2011 年出版了《人性中的善良天使》一书，书中指出，现今人类的暴力行为相比于历史上的任何时期都有所减少。

**问**：有关暴力是随着时间变化的证据，您是从什么地方获得的？

**答**：对史前时代而言，主要的证据来自法医考古学：骨骼中头骨被砸坏或骨中嵌有箭头的比例，以及如防御工事等考古学方面的证据。有关过去几千年间的杀人罪行，欧洲许多地方都有可以追溯到中世纪的记载。我们从那个时代的文献中得知，在古代世界，曾经有过将人钉上十字架的酷刑，以及各种血腥的处决方式。

至于有关战争的数据，有许多估算战争死亡人数的数据库。在近代，政府和社会科学家追踪过生活中方方面面的信息，所以对于虐待儿童、虐待配偶、强奸等情况，我们确实都可以获得清楚的了解。

问：您对暴力的减少作何解释？

答：我认为不止一个单一的答案。原因之一在于政府，即第三方争端解决机构：法院和警察控制着合法使用武力的权利。无论在什么地方，如果将无政府状态下的生活和政府统治下的生活加以比较，政府统治下的生活都相对不那么暴力。证据包括某些转变，比如自从中世纪以来，欧洲的杀人罪便呈下降态势，这恰好与王国的扩张和吞并、从部落无政府状态向最初国家的过渡是一致的。反观之，在今天疏于治理的那些国家，暴力现象则出现了猛增。

问：您认为商业也有所帮助吗？

答：商业、贸易和交换使得他人在活着的情况下比死了更有价值，这意味着人们会试图去预测他人的需要和愿望。其中包含了进化生物学家所谓的互惠利他的机制，这与原始的支配截然不同。

问：导致这种下降现象的还有什么其他因素？

答：文化素养、新闻、历史、科学的发展——凡此种种都是我们设身处地从他人的角度来看待世界的方式。女性地位提升也是暴力减少的另一个原因。随着女性获得权力，暴力行为便可有所减少，其中的原因有很多。无论如何，男性都是更趋于暴力的性别。

# 宗教的演变

伴着人类文明的兴起，另一种奇特的现象也随之而来：那就是宗教信仰，以及与之相伴的各种仪式、丰碑和道德等行为规范。从表面上看，宗教是非理性的，而且代价高昂，那它是如何存续并兴盛起来的呢？我们不妨从一个思维实验开始来看一看。

5岁时，沃尔夫冈·阿马多伊斯·莫扎特就能弹奏键盘乐器了，并且已经开始创作自己的音乐。莫扎特是一位"天生的音乐家"，他有很强的天赋，对音乐只需略作接触就能流畅掌握。在我们当中，能如此幸运的人寥寥无几。我们往往需要通过教学、重复和练习，才能掌握音乐的技巧。然而，在其他领域，如语言或行走，几乎每个人都是天生就能掌握的，我们都是"天生会说话"和"天生会走路"的。

那么宗教呢？它更类似于音乐还是语言？来自发展心理学和认知人类学的证据表明，在我们身上，宗教几乎像语言一样来得自然而然：我们只需略作接触，其余的就会由我们天生的喜好来完成。宗教的这种吸引力是我们平常的认知能力和人类的社会性在进化过程中产生的副产品。

宗教甚至还有助于解释一个关于文明的深奥谜团：人类社会是如何扩大规模的，如何从狩猎采集者、居无定所的小群体发展成了定居一地的大社会？令人不解的难题在于合作。直到大约1.2万年前，人类尚且还全都生活在相对较小的群体中；如今，却几乎人人都生活在相互合作的庞大群体内，这样的群体往往由许多互不相关的陌生人组成。这是怎么回事？

在进化生物学中，合作一般可以用利他主义两种形式中的一种来解释：亲属之间的合作；互惠的利他主义，也就是投桃报李。但是，这两种形式的利他主义却都难以解释陌生人之间的合作。随着群体规模的扩大，这两种形式的利他主义都会瓦解。当遇到陌生人的机会越来越多，亲属之间合作的机会也就越来越少。互惠的利他主义没有额外的保障措施，比如惩罚贪便宜者的机构，很快也会难以为继。

这时宗教就有用武之地了。宗教的某些早期文化变体可能促进了诸如合作、信任和自我牺牲等亲社会行为，同时鼓励人们表现出宗教式的献身行为，如斋戒、遵守食物方面的禁忌、铺张奢靡的仪式和其他"难以伪造"的行为，这些行为可靠地传达了信徒的虔诚信仰，表明了他们合作的意愿。这样一来，宗教就把匿名的陌生人转变成了道德团体，在共同信奉的超自然权力的管辖之下，以神圣的纽带将彼此联系在一起。

反过来，这些群体的规模会扩大、合作性会增强，因此在对资源和栖息地的竞争中就会更加成功。随着这些不断扩张的群体日渐壮大，他们也在传播自己的宗教信仰，进一步使社会变得更团结，这一过程发展迅猛，削弱了亲属关系和互惠互利对群体规模的限制。

由此再前进一小步，就迈向了世界各大宗教的诸位"大神"之列。沉浸在亚伯拉罕诸教信仰中的人们相当习惯于宗教与道德之间的联系，以至于他们很难想象宗教并不是以这种方式开始的。然而，规模最小的狩猎采集群体——如东非的哈扎族和卡拉哈里的桑族人——所信奉的神灵却并不关心人类的道德。在这些透明的社会里，面对面的交流是常态，要避开社会的聚焦并不容易。亲属之间的利他主义和互惠互利便足以维系社会纽带了。

然而，随着群体规模的扩大，匿名性会侵袭人际关系，合作也会就此瓦解。研究表明，匿名感乃是自私和欺骗的帮凶——哪怕是虚幻的匿名感，比如戴上墨镜；而社会监督（比如待在镜头或观众面前）则会产生相反的效果。即使是看到类似眼睛的图画这类轻微的接触，也能激励人们在陌生人面前表现良好。俗话说得好："被盯着的人都是好人。"

因此，当人们认为神灵正盯着自己和周围的人时，他们就会表现得很好。人类学记载证实了这一观点。随着人类社会从最小的规模发展到最庞大、最复杂的程度，大神，亦即法力高强、无所不知、会动手干涉的监察者，就变得越来越普遍，道德与宗教就交织得越来越紧密。

随着社会规模扩大，社会结构变得更加复杂，仪式也变成了常规事务，被人用来传播和巩固教义。同样，超自然力的惩罚、因果报应、诅咒和救赎、天堂和地狱的概念在现代宗教中很普遍，但在狩猎采集文化中则相对少见。

在人类历史上的大部分时间里，因人们信仰监督世人的神灵，又有铺张的仪式和习俗，宗教得以一直充当着一种社会黏合剂。但近年来，某些社会借助诸如法院、警察等世俗机构和执行契约的机制，成功地维系了社会合作。在世界上的某些地方，尤其是在斯堪的纳维亚，这些机构利用了宗教的社群建设功能，促使宗教猝然走向衰落。这些无宗教信仰者占多数的社会，其中有一些是世界上最具合作性、最和平、最繁荣的社会，爬上了宗教的梯子，然后又把梯子一脚踢开了。

# 让我们成其为人的另外九样物事

## 1. 武器

投射式武器移动的速度甚至比跑得最快的羚羊还要快。2013 年发表的一项研究结果表明，直立人利用了这种武器，因为在我们的祖先当中，直立人最先拥有了适合做出准确有力的投掷动作的肩膀。更重要的是，在位于格鲁吉亚德马尼西（Dmanisi）的直立人遗址中，有若干拳头大小的非同寻常的岩石，这让我们对他们选择的投射式武器有了概念。

扔石头不仅为早期人类提供了一种新的狩猎策略，还为早期人类提供了一种杀死敌手的有效方法。南加州大学的克里斯托弗·博姆表示，在早期的人类社会中，由于有了投射式武器，即便是体能最弱的群体成员，无须凭借肉搏战也能击败一位占据优势的人物，所以投射式武器创造了一种公平竞争的环境。他认为，武器激励了早期的人类群体接受一种只有在灵长类动物中才有的平等主义的存在，这种平等在现今的狩猎采集社会中仍然可以看到。

## 2. 珠宝和装饰品

21 世纪初，人们在南非的布隆伯斯洞穴发掘出了一些贝壳，它们经过穿孔和染色，然后被串到一起，成了项链或手链。时至今日，在非洲的其他地点也有了类似的发现。最近以来，在布隆伯斯的研究工作中已经发现了证据，表明赭石是被刻意搜集来的，通过与其他成分混合，制成了人体彩绘或装饰品。

乍看之下，这些发明似乎微不足道，但它们却暗示着人类在信仰和交流的本质上发生了巨大的变革。珠宝和装饰品很可能颇为重要，表明存在着社会地位或高或低的人物。更重要的是，它们还体现了象征性思维和行为，因为佩戴特定的项链或涂抹某种形式的人体彩绘具有超越表面的意义，除了彰显社会地位，还可以用来表明群体身份或表达共同的观点。既然一代又一代的人都以这种方式来打扮自己，那就说明这些人拥有了足以建立传统的复杂语言。

### 3. 缝纫

人们发明的与珠宝和装饰品搭配使用的服饰也同样具有革命性。在大约 6 万年前的考古记录中出现了针状物，首次提供了有关缝纫的证据，但在此之前，人类穿简单的衣服可能已经穿了数千年。

这方面的证据来源相当不同寻常。体虱主要生活在衣服里，它们是在人类开始穿衣服之后的一段时间内，从头发上的虱子进化而来的。2003 年，一项关于虱子的遗传学研究表明，体虱大约在 7 万年前就出现了。2011 年的一项分析则将它们的起源回溯到了 17 万年前之久。无论是哪种情况，在 6 万年前左右，我们的祖先从作为摇篮的非洲向世界各地迁徙时，似乎已经穿着缝制而成的衣服了。

有了衣服，人类便可以在寒冷的环境中居住，而这样的环境是人类裸体的祖先无法忍受的。缝制衣服可能是一项至关重要的发展，因为合身的衣服比宽松的兽皮更能有效地维持体温。即使如此，对一个在非洲大草原上进化而成的物种来说，要在冰天雪地的北方居住也颇为艰难，而近期的研究表明，我们还利用了气候的变化来向世界各地迁徙。

### 4. 容器

当我们的某些祖先离开非洲时，他们随身携带的很可能不止身上穿的衣服。大约 10 万年前，非洲南部的人们就开始用鸵鸟蛋当贮水瓶了。有了可以用来运输和储存重要资源的容器，与其他灵长类动物相比，他们就具备了巨大的优势。不过这些蛋壳上的雕刻也非常重要：它们似乎是分散的群体开始进行联系和贸易的标志。

自 1999 年以来，在位于南非开普敦以北 150 千米处的迪普克鲁夫岩厦，法国波尔多大学的皮埃尔·让－特克希尔便不断地发现雕有图案的鸵鸟蛋碎片。数千年间，人们反复使用着 5 种相同的基本图形，这意味着它们具备某种意义，目的是让世世代代的人们都能读懂和理解。特克希尔和他的同事们认为，这表明人们正在以看得见的方式对属于自己的物品加以标记和定义，在开始前往更遥远的地方与其他群体互动时，他们借此来维系自己的群体认同。

## 5. 法律

当我们的祖先开始进行贸易时，他们需要的是公允而和平的合作——不仅要与群体内的成员合作，还要与来自异乡的陌生人合作。贸易可能为创立法律和正义提供了动力，以使每个人都遵守同样的规则。

关于法律是如何演变的，我们可以在某些现代的人类群体中找到相关线索，他们就像石器时代的狩猎采集者一样，生活在实行分散管理的平等主义社会中。图尔卡纳人是生活在东非的游牧民族。尽管没有中央集权的政权，但在一项有生命危险的冒险活动中——从邻近民族那里盗窃牲畜——这些人还是会与非家庭成员合作。虽然这种行为本身在伦理上可能经不起推敲，但他们合作的动机反映的却是支撑着所有现代司法体系的理念。人们如果拒绝加入这些抢劫团伙，就会受到群体中其他成员的严厉审判和惩罚。图尔卡纳人展示了类似于正式司法制度的审判和惩罚机制，表明法律和正义的出现先于中央集权社会。

## 6. 计时

在随后的几千年里，随着贸易的蓬勃发展，人们交换的就不仅仅是物质商品了。思想的交换促进了全新思维方式的产生，也许还带来了科学思想的早期萌芽。生活在今苏格兰地区的狩猎采集者群落可能是最早对环境加以科学观察和测量的群体之一。阿伯丁郡有许多大约1万年前的中石器时代遗址，包括一处奇怪的遗迹，该遗迹由12个坑组成，沿着一道大致从东北到西南走向的浅弧形排列。布拉德福德大学的文森特·加夫尼和他的同事们注意到，这条弧线面对着地平线上一座陡峭的山谷，在冬至那一天，太阳就会从那里升起。他们意识到，这表达的是一种宇宙学思想。几乎可以肯定，这12个坑是用来记录农历月份的。与此前发现的任何一种历法相比，阿伯丁郡被称为"计时器"的农历历法的历史都至少有两倍之久。

通过建立正式的时间概念，我们就知道什么时候会发生季节性事件，比如当地河流中鲑鱼的回流。这种知识就是力量。

## 7. 犁地

当苏格兰的狩猎采集者还在测量时间的时候，近东地区与他们同时代的人已经定居下来开始耕种了。种植农作物是一项艰苦的工作，它启迪最早的农民们发明了可以节省体力的设备。其中最具代表性的一种便是犁，它可能以一种令人诧异的方式对社会产生了影响。

如同今天一样，过去的狩猎采集社会很可能往往是以性别来划分的，男人狩猎，女人采集。耕作有望进一步增进两性的平等，因为男性和女性都可以在土地上劳作，但是犁的出现却宣告了平等的结束——犁很重，所以主要由男性掌控。20世纪70年代，丹麦的农业经济学家埃斯特·博瑟鲁普是这样认为的。2013年，通过对世界各地采用犁或不同农业形式的社会中的性别平等状况加以比较，加州大学洛杉矶分校的保拉·朱利亚诺和她的同事们对这一观点进行了验证。他们不仅证实了犁带来的后果，还发现这种后果至今仍在影响着人们的性别认知。

## 8. 排水系统

农业被形容为人类有史以来犯下的最严重错误：农业劳作太过艰苦。但农业又确实提供了相当丰富的食物，使都市中心得以发展。生活在城市里固然有诸多好处，但在健康上也存在危险：城市居民面临着被水中携带的传染病感染的风险。

差不多自城市出现以来，令人印象深刻的排水系统就已然存在。在有着5000年历史的印度河流域社会，这里的城市是建在宽阔的排水沟上的。在几乎同一时期，早期的苏格兰定居点就已经有了类似厕所的系统，克里特岛也有3500年前的抽水马桶和下水道。但这些系统在当初设计的时候都没有真正考虑过卫生问题，而仅仅是对废水进行排放，一般是排入相距最近的河流。

直到19世纪50年代，在约翰·斯诺医生将伦敦暴发的霍乱与不卫生的供水联系起来之后，人们才开始对废水加以清洁。大型的集中式污水处理工程始于20世纪早期。有效的污水处理系统经历了一个漫长的过程才最终成形，但当它真正问世时，却彻底改变了公共卫生状况。

## 9. 文字

迪普克鲁夫雕有图案的鸵鸟蛋壳表明，至少在10万年前，现代人类就已经在使用图形符号来表意了。但是，直到大约5000年前，人们才发明了真正的文字，思想从此得以传播，文化的演变也不复从前的面貌。

文字也提供了一种表达希望和恐惧的方式，揭示了随后的创新是如何影响人类心智的。在美索不达米亚的城邦拉格什发现过一些世界上最为古老的文献，其中有对腐败的统治阶级征收的税金急剧增长的抱怨。不久之后，拉格什国王乌鲁卡吉纳撰写了一部法典，据信这是史上第一部有文献记载的法典。他赢得了最早的社会改革家之名，例如，他制定了法律来限制富人过分荒淫无度。但他颁布的法令也确立了女性低下的社会地位，其中一条法令详细描述了对通奸女性的惩罚，但却只字未提通奸男性。尽管我们已经进行过种种变革，但前路依旧漫漫。

# 8

# 一个特殊的物种

　　显然，人类是独一无二的。在地球 45 亿年的历史中，唯有我们这一个物种发明了诸如文字、计算机、火箭和指尖陀螺等先进技术。我们也改变了周围的世界，有一个很好的例子，那就是我们已经开启了一个新的地质时代，名为"人类世"，这是根据我们对世界产生的影响来定义的。但我们到底有什么特别之处呢？让我们（至少在目前）如此成功的仅仅只有强大的大脑，还是另有其他因素？

# 有文化的猿

智人是绝无仅有的一个具备历史的物种。在我们存在于世的这段相对短暂的时间里，我们从仅有几把手斧、数根长矛的直立行走的猿类，发展成了一个分布广泛的物种，从非洲走向世界，占据了地球上几乎每一处栖息地，创建了一个新世界，其中充满了我们大多数人甚至并不理解的技术。两相对比，我们在遗传学上的近亲黑猩猩仍旧坐在地上，拿着石头砸坚果，一如它们数百万年以来的情形。正如英国历史学家阿诺德·汤因比所说的那样，对其他动物而言，所谓历史真的就只是"该死的事接二连三"，而且都是一回事。

我们取得的成就对达尔文的思想构成了挑战。他提出了伟大的自然选择进化论，针对物种如何适应环境给出了精妙的观点。但我们又该如何解释汽油发动机、照相机、面条机、溜溜球，以及宗教和艺术的存在呢？即使我们编造出一些故事，借以解释这些手工制品如何改善了我们的生活，那为什么制造出这些东西的唯有人类？是什么让人类进入了一条日积月累、不断加速的技术创新的轨道，一条我们目前仍在探索其所能达到极限的轨道？

我们知道，就基因方面而言，这样的差异必定很小，因为我们与黑猩猩大约有98%的蛋白质编码基因序列都相同，与不幸灭绝的尼安德特人相同的比例更是超过了99%。然而，在我们与它们的进化潜能之间却似乎横亘着一条不可逾越的鸿沟。事实上，在我们和其他所有物种之间仿佛都隔着一道天堑。

人类往往自以为是地认为，我们就是比其他物种更聪明：我们的脑容量很大，让我们得以弄清事情的真相。但这种观点未免夸大其词。看一看技术的演变吧，这样的演变之所以能够发生，凭借的并非洞察力上的巨大飞跃，而是对现有思想进行微小的修改，并且这样的修改往往是出于偶然。托马斯·爱迪生的笔记本显示，他曾经尝试过数千种材料，包括铂和竹子，然后才偶然间发现了一种碳纤维，将其作为灯泡的灯丝；装配线不是亨利·福特发明的；甚至就连艾萨克·牛顿也承认，他是站在巨人的肩膀上。

其实我们这个物种真正擅长的事情倒有可能是模仿。别人曾经尝试过的只能算是随机的想法浩如烟海，我们可以从中搜寻，挑选出似乎最为有效的那些主意。这是一种"思想的适者生存"，仿效的是生物进化中的适者生存，而思想可以迅速地从一个头脑传播到另一个头脑，因此，与大多数基因变化的缓慢速度相比，我们的文化演变的速度要快得多。

然而还不止如此。复制是个错误百出的过程，如果不予以纠正，这些错误就会在其他错误的基础上不断累积，最终导致文化演变的列车停下，至少对于那些复杂程度较高、难以靠自学掌握的问题来说是这样。对其他大多数动物所掌握的技术而言，这么形容都很合理，例如，黑猩猩很可能每过一代都得将敲碎坚果的技巧重新了解一遍，或许只有在看到其他黑猩猩的动作、注意力被其吸引的时候，它们才会从中受益。由于缺乏减少复制错误的机制，黑猩猩在达到这种复杂程度时就止步不前了。

我们的解决办法可能就是教学。教学可以传递新的信息，但同时也是一种纠错机制，让更复杂的做法和技术得以传递和积累。某些动物确实采用了初步的教学方式，例如，成年猫鼬会设法让蝎子身上的毒刺失效，以便让后代在风险很低的情况下将其拿来练手，但只有人类才会对复杂的动作进行系统化的教学。甚至有人提出，人类的语言能力之所以进化，并非如其他许多人所认为的那样，是出于经济和社会原因，而是作为一种辅助教学的手段：语言的出现与听觉 DNA 的出现相类似。

我们在文化上的适应性使我们做好了在现代世界生活的准备，但同样也带来了一些遗留问题。如今，文化的进步及其带给我们的变化产生了一个奇怪的物种，这个物种既合乎时宜，又不合时宜。

## 你的脑容量何其大

不妨来看一看也许是我们身上最独一无二的明显特性吧：相对于我们的身体而言，我们的大脑相当大。虽然需要牢记在心的是，大小并不代表一切（例如，大脑的构造和连通性也很重要），但这样的假定似乎很合理：我们的脑容量很大，这有助于让我们变得聪明。

我们的脑容量在 1200 立方厘米到 1500 立方厘米，相当于与我们亲缘关系最近的近亲黑猩猩的 3 倍。脑容量的增加可能涉及一种滚雪球效应，由于这种效应，最初的突变导致的变化不仅本身就能带来益处，而且还使潜在的突变得以进一步增强大脑功能。

与黑猩猩的大脑相比，人类的大脑皮质大有延展。大脑皮质即大脑最外侧的褶皱层，是我们最复杂的思维过程（如计划、推理和语言能力）产生之地。若要寻找与大脑增大有关的基因，有一种方法便是调查原发性小头症的病因。患有小头症的婴儿出生时，其大脑仅相当于正常大脑大小的 1/3，尤其大脑皮质更是偏小。小头症患者的认知能力一般都有不同程度的受损。

迄今为止，对家中有原发性小头症患者的家庭进行的遗传学研究发现，有 7 种基因在发生突变时可能会引发小头症。有趣的是，这 7 种基因都是在细胞分裂中发挥作用的。细胞分裂是指未成熟神经元在迁移至最终所处的位置之前，在胎儿大脑中增殖的过程。从理论上讲，如果出现某个单一的突变，导致未成熟神经元额外多经历了一次细胞分裂周期，可能就会使最终的大脑皮质面积扩大一倍。

以 ASPM 基因为例，即"异常纺锤体样小头畸形相关蛋白"。它编码的是一种在未成熟神经元中发现的蛋白质，这种蛋白质是纺锤体的一部分——纺锤体是一种分子支架，在细胞分裂过程中对染色体加以分配。如我们所知，在我们祖先的大脑迅速扩大时，这种基因也发生了重大变化。当把人类的 ASPM 序列与 7 种灵长类动物和 6 种其他哺乳动物的 ASPM 序列进行比较，便显露出了自我们的祖先从黑猩猩中分化出来以后发生了快速进化的几个特征。

通过对人类和黑猩猩的基因组加以比较，以确定其中哪些区的进化速度最快，人们也得出了一些其他看法。在这一过程中，有一个名为 HAR1 的区——第一号人类加速区——引起了人们注意，它的长度为 118 个 DNA 碱基对。我们尚不知道 HAR1 区有何作用，但我们却知道，在处于妊娠期第 7 到 19 周的胎儿大脑内，在即将形成大脑皮质的细胞中，HAR1 区被激活了。同样给人以希望的一项发现是一种被称为 SRGAP2 的基因的两次复制，这以两种方式影响了大脑在子宫里的发育：神经元从产生的位置到最终所处位置的迁移速度有所加快；神经元会伸出更多的突起，使神经连接得以形成。

在时间上再略微回推一下，单一的突变可能已经为大脑的快速进化扫清了道路。

其他灵长类动物拥有强壮的下颌肌肉，对整个头骨施加了压力，从而限制了头骨的生长。但在大约 200 万年前，有一种突变导致这种限制在人类谱系中有所削弱。不久之后，大脑便开始快速扩大。

虽然要弄清楚我们的大脑是怎么变得如此之大的并不容易，但有一件事是确定的：这种程度的思考需要消耗额外的能量。大脑在休息时会消耗掉我们 20% 的能量，相比之下，其他灵长类动物的大脑则只消耗 8% 的能量。改为吃肉或许曾经有所裨益。大约200万年前新增的海鲜食物也应当起到了同样的作用，为大脑的发育提供了 ω–3 脂肪酸。烹饪可能也有过助益，因为烹饪以后的食物更容易消化。这应当使人类祖先进化出了更小的内脏，从而将多余的营养用于大脑发育（见第 4 章）。

除此之外，人们已经发现了几种或曾有助于为大脑提供能量的突变。其中之一见于 2012 年发表的大猩猩基因组研究。该项研究显示，大约 1500 万至 1000 万年前，在人类、黑猩猩和大猩猩共有的某位远古灵长类祖先身上，有一个 DNA 区域经历了加速进化。

该区域位于一个名为 RNF213 的基因中，其突变会引发烟雾病——这是一种涉及脑动脉变窄的疾病。这种情况表明，在我们的进化过程中，该基因可能起到了增加大脑血液供应的作用。由于破坏这种基因会影响血液流动，也许其他改变会对血液流动产生有益的影响。

不过，除了让大脑血管扩张之外，还有更多的方法可以增加大脑的能量供应。大脑的主要养分来源是葡萄糖，而这种养分是通过血管壁中的一种葡萄糖转运蛋白分子进入大脑的。与黑猩猩、猩猩和猕猴相比，在人类身上，为针对大脑和肌肉的葡萄糖转运蛋白进行编码的两种基因的"开启开关"略有不同。若干突变导致我们大脑毛细血管中的葡萄糖转运蛋白有所增多，而肌肉毛细血管中的葡萄糖转运蛋白有所减少。简言之，看起来我们曾经牺牲了运动能力，以换取智力。

基因方面就先探讨到这里：我们在行为和生活方式上的选择是否也曾影响到我们的大脑？有一种流行的观点名为"社会脑假说"。该假说宣称，较大的大脑和发达的认知能力主要是对更复杂的社会环境做出的适应，因为自然选择强烈偏好能比对手智高一筹的个体。这一观点的主要论据是生活在较大群体中的灵长类动物大脑也较大。根据这一论点，人类的大容量大脑应该是由生活在相对较大的群体中的祖先赋予的。

然而，2017年的一项研究对有关这种联系的基础论据提出了质疑。研究人员收集了140多个灵长类物种的大脑及社会性的测量数据，数量约为此前研究中的3倍。在针对大脑尺寸的指标和有关群体规模等社会性的测量数据之间，他们并没有发现任何相关性。相反，研究人员发现，在灵长类动物中，脑容量与饮食存在相关性，以水果为食的灵长类动物脑容量最大。如果这一结论无误，那么我们独特的认知能力便是由独特的高质量饮食带来的。

## 体毛消失

人类还有一个独一无二的特点，就是我们身上几乎没长毛。但是，与我们大容量的大脑不同——它带来的好处显而易见——体毛的消失相当令人费解。哺乳动物仅仅为了保暖就要消耗大量能量。毛皮是天然的隔热材料，我们为什么要舍弃这个好处呢？

有一种观点认为，我们的体毛是在面临过热风险时消失的。在树木成荫的森林里，长毛自然不是问题；但当我们的祖先迁移到更开阔的地带时，自然选择就会偏好那些毛发非常纤细的个体，这样一来，帮助身体冷却的空气就可以在汗流浃背的身体周围循环。但出汗需要摄入大量的水分，这就意味着我们的祖先要居住在河流或溪流附近，而河岸边往往又是树木繁茂、绿树成荫——这样一来，出汗的需要也就随之减少了。更重要的是，更新世冰川期发生在大约160万年前，即使是在非洲，当时的夜晚也很寒冷。

除此之外，生活在大草原上的其他动物仍然都保留着密实的体毛。或许，我们直到聪明得足以处理无毛带来的后果之后，这才褪去了体毛，时间多半是在现代人类进化形成以后，距今至少 20 万年前。现代人类有能力制造出一些东西来抵消体毛消失造成的问题，比如衣服、栖身之所和火。接下来，也许自然选择对毛发较少的个体有所偏爱，因为毛发中藏匿着传播疾病的寄生虫。后来，性选择起到了推波助澜的作用，以洁净无瑕的皮肤来宣扬自己身体健康的人成为最可取的性伴侣，并传下了更多的基因。

让情况更加扑朔迷离的是，有偶然发现的证据表明，人类在相当久远的年代就已经没有了体毛。阴虱大约是在 330 万年前进化而来的，若非人类的祖先当时已经褪去了身上的毛发，为它创造出了生态位，它是不可能得以进化形成的。更重要的是，科学家们已经确定，生活在衣服里的体虱进化形成的时间是在 17 万—7 万年前。所以，看来在相当长的一段时间里，我们的祖先都在一丝不挂地四处游荡。

## 关于语言

假如没有语言，我们就难以进行思想交流或影响他人的行为，如我们所知的这个人类社会就不可能存在。这一非凡技能的起源是我们历史上的一个转折点，但具体的时间还很难确定。

智人并不是唯一具有语言能力的古人类。尼安德特人也拥有与舌头、横膈膜和胸腔肌肉的必要神经连接，以确保他们能发出复杂精准的声音，并能掌控说话时的呼吸。这方面的证据来自头骨和椎骨上孔洞的尺寸，指挥这些部位的神经正是从这些孔洞中穿过的。尼安德特人也同样拥有 FOXP2 基因的人类变体，这一基因对于形成与语言有关的运动记忆有至关重要的作用（见第 5 章）。如果这种变体只出现过一次的话，那么，语言出现的时间就应早于大约 50 万年前人类与尼安德特人的谱系分道扬镳的时间。

的确，60万年前，当海德堡人首次出现在欧洲时，他们就已经会说话了。化石遗迹表明，在他们身上，一个与喉部相连、类似气球的器官已经不见了踪影——其他灵长类动物可以通过这个器官来发出洪亮的声音，给对手留下深刻印象。从表面上看，这似乎是个不小的损失，但可能正是这些气囊让元音之间的区别变得模糊，导致难以形成不同的单词。

语言传达复杂思想不容置疑的证据，只有在与智人相关的文化复杂性和象征性上才能体现出来。但第一句话无论是什么时候说的，都会引发一系列的事件，改变我们彼此的关系、我们的社会和技术，乃至改变我们的思维方式。

虽然在古人类的进化过程中，语言究竟是何时出现的尚不清楚，但有一个数据点是确凿无疑的：我们现存最亲近的近亲黑猩猩并不具备这种能力。如果从一出生就把一只黑猩猩当作人来抚养，它会学到许多不像类人猿的行为，比如穿衣服，甚至用刀叉吃东西。但有一件事它做不了，那就是说话。事实上，由于我们二者的喉部和鼻腔有所不同，所以黑猩猩在生理上是不可能像我们一样说话的。我们在神经学上也存在差异，其中有部分差异是由于我们的FOXP2基因发生变化所致。

这个"语言基因"的故事要从一个英国家庭开始讲起，这一家三代有16名成员都有严重的语言障碍。一般而言，语言障碍是一系列众多学习障碍当中的一类，但是这个"KE"家族（这是世人后来对他们的称呼）的缺陷似乎更为特殊。他们说的话他人难以理解，他们理解别人的话也很艰难，尤其是在应用语法规则时。而且他们的嘴和舌头很难做出复杂的动作。

2001年，这个问题被确定为FOXP2基因的一个突变。从该基因的结构上，我们可以看出，它有助于调节其他基因的活动。遗憾的是，我们暂时还不知道哪些基因是受 FOXP2 控制的。我们已知，在小鼠（可能人类也是如此）的胚胎发育过程中，FOXP2 在大脑中很活跃。在人类身上，FOXP2 有可能在我们学习语言规则的过程中发挥了作用——用特定的声带动作发出特定的声音，或者甚至在语法规则的学习过程中也存在影响。

这对语言是如何进化的做出了解释，但却没有告诉我们语言进化的原因。大容量的大脑、比出复杂手势的能力、独特的声道，还有 FOXP2 基因，这些对我们的语言技能或许有所助益。然而，这些特征本身并不能解释我们为什么进化出了语言。有些动物的大脑比我们还大，手势在灵长类动物中很普遍，还有一些鸟类物种可以模仿人类的语言，它们既没有我们通过遗传得来的喉部，也不具备我们这种特定版本的 FOXP2 基因。

我们与其他动物最明显的区别还不在于此，反而在于我们具有象征意义和合作特质的社会行为的复杂性。唯有人类这个物种才会习以为常地与直系亲属以外的同类互相帮忙，并交换物品和服务。我们有着精细的分工：我们专门从事某项工作，然后与他人进行产品交易。而且我们还学会了在家庭这个单位以外以协调一致的方式采取行动。

我们将社会行为的复杂性视为理所当然，但所有这些行动都取决于我们谈判、讨价还价、达成协议并让人们遵守协议的能力。这就需要有一个渠道在个体之间来回传递复杂的信息，就像现代的 USB（通用串行总线）线那样。而这个渠道就是语言。

某些社会性昆虫——蚂蚁、蜜蜂和黄蜂——在没有语言的情况下也具有一定程度的合作性。但它们往往从属于关系高度密切的家庭群体，基因决定了它们的行为主要是为了群体的利益。人类社会必须对任何企图占便宜的人进行监督。借助语言和符号，我们可以揭露他们是骗子，让他们名誉扫地。我们可以大力赞扬那些值得赞扬的人，即便在素不相识的人中，他们也可以扬名：语言比某一行动传播得更远。

凡此种种复杂的社会行为所需要的，可不仅仅是动物王国里的其余物种所发出的咕哝声、唧唧声、吼声，或者它们的气味、颜色。这就告诉了我们，为什么我们拥有语言，为什么唯独我们拥有语言：因为没有语言，我们这种独特的社会性就不可能存在。

## 善的悖论

到目前为止，我们已经探讨了人类的进化如何赋予了我们令人印象深刻的新本领，如智力或语言。但是，在我们的发展过程中，有一种完全难以界定的东西或许是个至关重要的因素，那就是善良。要想理解这一点，读者不妨想象一下自己是个马赛人（如果你果真是马赛人，这应该很容易）。

在东非的塞伦盖蒂平原上，马赛牧人的日子过得并不轻松。你的牲畜随时都有可能遭到疾病的侵袭，而它们几乎是你全部财富的来源。旱灾会使你的牧场干涸，或者强盗会偷走你的牛群。无论你多么小心、干活多么卖力，命运都有可能让你一贫如洗。那牧民该怎么办呢？

答案很简单：求助。幸亏马赛人有一种名为"欧索图瓦"（osotua，字面意思为"脐带"）的传统，凡是陷于危难之中的人都可以向他们的朋友求助。只要不至于危及自己的性命，那些被求上门来的人就有义务提供帮助，一般是通过给予牲畜的方式来帮忙。没人指望受助者报答，也没人会记下某个人多长时间会求人或帮人一次。

欧索图瓦与我们平时对合作关系的看法背道而驰——一般的合作方式完全是互惠互利的：你帮我，我也会帮你。然而，形式相似的慷慨解囊在世界各地的文化中都很常见。有些人类学家认为，这样的行为代表了慷慨在人类社会中某些最早期的表现形式。

## 雅好艺术的猿类

人类身上另有一种独特的现象，那就是艺术，这种现象可能也显得有些说不清道不明。从进化求存的角度是难以解释人类创造艺术品的独特冲动的。达尔文认为艺术起源于性选择，杰弗里·米勒供职于阿尔伯克基的新墨西哥大学，他对这一观点表示赞同。他认为，艺术就像孔雀的尾巴，是一种代价高昂的展示进化适应性的方式。

米勒的研究表明，一般意义上的智力及乐于接受新体验的个性特征都与艺术创造力有关。他还发现，当女性的生育能力处于月度高峰时，她们喜爱有创造力的男性胜过喜爱富有的男性。但是，即便如此，我们也不能单用性本身来解释艺术的演变。也许艺术起源于其他功能，后来又获得了性展示的功能。那么，艺术还有什么其他用途呢？

有一种说法认为，寻求审美经验的内驱力可能已经进化到了一定程度，可以促使我们去了解世界的各个不同方面，即单凭我们大脑的硬件并非天生就能应对的那些方面。另一种观点则认为，艺术是一种社会适应。艺术纯粹是通过诸如色彩或韵律这样的东西来打动人心，从而让某物或某事变得"特别"。这个过程应当曾经帮助过我们的祖先将一个群体团结到一起，从而增加生存下来的机会。

然而，这些都不能解释我们的美感从何而来。加州大学圣巴巴拉分校的迈克尔·加扎尼加提出，从生物学角度而言，我们之所以会认为某些特定的图像——比如对称设计——更赏心悦目，或者说更美丽，仅仅是因为我们的大脑能以更快的速度来处理它们。不过，他还指出，如今我们对某些艺术之所以会做出积极的反应，并不是因其对我们具有美学上的吸引力，而是因为目睹这样的艺术品（或者拥有它就更好了）是一种身份的象征。这样一来，我们兜了一圈，又回到了米勒的观点。毕竟，要想辨别出"优秀的"和"糟糕的"当代艺术品，我们需要接受大量有悖于直觉的教育。大多数人没有时间去习得这种"精英化的"审美品位——而这本身就是一种适应性的展示。

如果说我们不清楚自身对艺术的爱好从何而来，那我们同样也确定不了艺术最早是何时出现的。随着人们不断取得新的发现，并对旧发现重新加以解读，有关的说法一直在变。有一点似乎很明确，那就是艺术出现的年代比我们曾经以为的要早得多。我们已经在无意间发现了"创造性大爆发"，即自 5 万—4 万年前开始，洞穴艺术及具有象征意义的手工制品（如珠宝和雕塑）发生了快速扩散（见第 6 章）。这种转变一度被视为认知方面的一次骤变留下的迹象——可能是席卷了人类种群的基因突变造成的结果，最终形成了现代人的心智。

不过，这种认知飞跃理论却一直受到某些人的抨击，因为我们的祖先至少于 7 万年前便离开了非洲，似乎在此之后又过了许久，认知飞跃才出现。如果这一突破性发展确实是由欧洲发生的某种突变引起的，那么，这种基因变化又是如何渗透到大洋洲、亚洲或美洲的种群身上去的呢？他们早已与身处欧洲的亲属失去了联系。另有一种解释则要简单得多，那就是我们共同的祖先在离开非洲之前便已经进化出了必要的脑力，但这一解释还缺乏证据。

随着在南非的布隆伯斯洞穴出土了一系列有趣的发现，这一切就都发生了改变。该遗址最富特色的发现是若干手工制品，如鸵鸟蛋壳珠子和蚀刻有几何图形的赭石块，这处遗址似乎显露了象征性艺术的迹象，比欧洲那些推动了

"创造性大爆发"的艺术家提早了 3 万年、靠南 1 万千米。2000 年，人类学家萨莉·麦克布雷蒂和艾丽森·布鲁克斯利用这些早期的发现，在一篇名为《不存在的革命》的论文中对人类起源的"欧洲中心主义"思想进行了有力的抨击。

她们坚定的批评促使其他人在更加广泛的范围内去寻找象征性思想的起源，自此以后，人们对许多先前的发现做了重新评价，也取得了一些新的发现。其中较为知名的发现包括在南非迪普克鲁夫岩厦出土的雕有图案的鸵鸟蛋壳，它们至少已有 5.2 万年的历史了（见第 7 章）。与此同时，在卡夫扎洞穴与摩洛哥的鸽子洞穴发现的若干组贝壳表明，8 万年前，现代人类已经在收藏个人饰品了。在亚洲取得的发现为数不多，其中，来自中国北京附近周口店山顶洞的某些饰品可能有 3.4 万年的历史，这再次表明，世界各地的各个群体都在尝试用不同的方式来交流和装扮自身。

2014 年，又有一项相当引人注目的发现被公之于世。考古学家探索了印度尼西亚苏拉威西岛上的一个石灰岩洞穴，发现了一个手形符号，旁边是一幅雌性鹿豚（又称"猪鹿"）图。这幅鹿豚图至少已有 3.54 万年的历史了，这意味着它是世界上已经确认的年代最早的具象绘画之一。该手形符号则至少已有 3.99 万年的历史，就这种常见的古代艺术形式而言，它是迄今为止已发现的手形符号中最古老的。毫无疑问，这些图像都是早期的现代人类创作的，与艺术表达始于早期欧洲人的观点相矛盾。

随着类似这样的发现让抽象思维出现的年代在人类进化史上一再提前，有些考古学家甚至开始质疑艺术和象征手法是否真是智人所独有的。毕竟，尼安德特人的大脑与现代人类的大脑尺寸大致相同，而到目前为止还没有发现过相关证据，可能要归咎于那些物种的文化的特性。

当然，也有一些诱人的迹象表明，尼安德特人可能尝试过艺术创作。西班牙的卡斯蒂略洞穴中就有这样的线索。洞穴里遍布着红点、野牛的轮廓和手印，令人叹为观止，因此，人们很容易就会忽略这里最引人注目的一件作品——一个红色圆盘，几乎完全被一层不透明的方解石所掩盖。对方解石中的铀含量所做的分析表明，圆盘绘制的时间至少是在4万年前，这使其成为欧洲已经确认的最古老的绘画。由于当时现代人类才刚刚抵达欧洲，是以一些研究人员得出结论，认为该圆盘可能出自尼安德特人。

沿着类似的轨迹，研究人员在法国佩奇德拉兹遗址的洞穴中又发现了成块的锰颜料，那里曾有尼安德特人居住过。这些颜料块的形状就像蜡笔，可能曾被用来在人体上绘制图案——这本身就是一种具有象征意义的行为。

甚至我们那些比尼安德特人年代更久远的亲戚都有可能曾是萌芽中的艺术家。例如，在地中海东岸，研究人员发掘出了23万年前的贝雷克哈特－拉姆雕像，似乎与大约3万年前欧洲的维纳斯雕像有些相似。这座雕像很粗糙，有可能只是一块形状合宜的鹅卵石而已，不过镜检分析表明，雕像的颈部有经过刻意雕琢的痕迹，以将其雕琢成合适的比例。如果确实如此的话，那么根据时间和地点推断，这应当是直立人的杰作。自然，这个观点仍然存在争议。

无论我们对其他物种有哪些本领作何结论，有一点似乎很明显：在我们的祖先离开非洲之前很长一段时间，抽象思维能力便已形成。但这并没有解决产生了具象艺术和神话生灵的创造性大爆发之谜。是什么促使我们的祖先发生了飞跃，从那些早期之作发展成了在欧洲的洞穴中发现的复杂精细的作品？

有这样一种可能性：当时的人口数量已经达到了一个临界量，在某种程度上促进了创新——最近的研究发现，智人在到达欧洲后便经历了一场人口爆炸，证实了这一观点。毕竟，先进文化是多次规模较小的创新带来的产物，这需要许多人经过多年的思考和发明创造才能实现。

# 大脑以外的因素

或许是因为有了大容量的大脑，我们远古祖先的智力、语言技能和创造力得到了蓬勃发展，但人类之所以为人，原因并不仅仅在于我们的大脑。例如，没有人会把人类误认为黑猩猩。然而，我们与黑猩猩共有的 DNA 数量较之老鼠和大鼠共有的数量还要多。若将人类和黑猩猩的基因组并排放在一起加以比较，二者之间的差异仅略高于 1%。这个比例看似不大，但却相当于 3000 多万个点突变。我们的基因当中大约有 80% 受到了影响，尽管其中大多数都只有一到两项变化，这些变化却会产生巨大的影响。人类 FOXP2 基因的突变仅为其中的一例。

但是，蛋白质的进化只是人类进化过程中的一部分。在基因调节方面发生的改变也同样至关重要，即在发育过程中，基因在何时何处得到表达。关键性的发育基因的突变可能会带来致命的后果，但是，改变单个组织或单一时间内的基因表达则更容易产生不至于致命的革新。许多科学家正在比较不同组织中的基因表达，以确定黑猩猩和人类在基因调节上的关键差异，其中大部分仍有待发现。

然后还有基因复制。这可能会导致基因家族的多样化，并使其具备新的功能。位于西雅图的华盛顿大学的埃文·艾希勒已经确认了若干人类独有的基因家族，从免疫系统到大脑发育，它们对我们在生物学上的诸多方面都有影响。他猜测，基因复制促使人类进化出新的认知能力，但我们也为此付出了代价，即更容易受到神经紊乱的影响。

复制错误意味着有整段的 DNA 被意外删除。当可移动遗传因子在基因组周围活跃时，或者病毒将自身嵌入我们的 DNA 当中时，其他的基因片段就会挪到新的位置上去。人类基因组包含了超过 2.6 万个这样的"基因插入 / 缺失"，其中许多都与人类和黑猩猩之间的基因表达差异有关。

人类的一项重要特征是灵巧的双手。从最早的简陋石器到火的运用和文字的发展，我们取得的进步有赖于我们的灵巧。DNA 能揭示出我们在工具使用方面为何会拥有无可匹敌的能力吗？相关线索来自一个名为 HACNS1，全称为"人类加速保守非编码序列 1"的 DNA 区域，自我们从黑猩猩中分化出来以来，它已发生过 16 次突变。该区域是一个开关，似乎可以在胚胎中几个不同位置激活某一个基因，包括发育中的四肢。将人类版本的 HACNS1 剪切下来，并粘贴到小鼠胚胎中，发现经过突变的版本在前爪上的激活程度有所加强，其所在区域恰好与人类手腕和拇指的位置相当。

某些人推测，这些突变促成了我们对生拇指的进化，而对生拇指对于灵活使用工具至关重要。事实上，黑猩猩也有对生拇指，只是灵活程度不及人类。

# 9

# 由所处的世界塑造而成

　　人类进化图景有时会给人留下这样的印象，即我们是一个积极进取、意志坚定的物种，不管世界上发生了什么，都在不顾一切地努力取得成功。然而事实上，人类与我们的近亲跟其他物种没什么两样：我们也是更为广阔的生态系统当中的一部分，我们的进化过程一直受我们生活过的地方以及与我们共存的物种影响。如果世界曾经有所不同，我们也就不会是这番面目了，有可能我们根本就不会存在于此。

# 气候变化

有一个观点世人争论了一个世纪，属于争执得最激烈的观点之一，即地球不断变化的气候可能在某种程度上曾经影响过人类的进化。有一种存在已久的观念认为：非洲南部是一片植被稀少、气候干燥的大草原，这里严酷的气候条件促使古人类改用两条腿走路，形成了大容量的大脑，并发展出了技术。

不过，及至20世纪90年代，华盛顿特区史密森学会的瑞克·波茨提出了一种新的理论。他得出的结论是，人类进化史的关键在于我们的谱系变得极为全能，在各种各样的栖息地都可以生活。我们不是大草原上的生活大师，而是入侵大师。于是，波茨提出也许是环境的变化本身，而非某个特定的环境，推动了人类的进化。他认为，多变的气候会让人类变得敏捷灵巧，掌握众多本领。

每过1万—2万年，气候就会从湿润转为干燥，于是有能力适应气候变化（无论到底是怎样的变化）的人类应当就在自然选择中胜出了。例如，大容量的大脑让我们得以解决降雨量变化带来的麻烦，比方说能够制作不同的石器来利用有所变化的食物资源。

1996年，波茨在其著作《人类的血统》中发表了这一观点，他称之为"多变性选择"。2015年，波茨等人所著的系列论文终于给出了证据。以前所缺少的是气候多变时期与人类进化里程碑之间的明确联系，因此，20多年来，波茨和其他人在早期人类居住过的地方收集了关于昔日气候的证据。这样一来，他们便得以精准地确定非洲5个这类地点的气候多变期和稳定期，年代范围在大约350万年前到100万年前。

然后，他们模拟了过去 500 万年间关键事件的分布情况，如古人类物种的出现、消亡、迁徙及新技术的发展，以便观察一下，假设气候多变性不曾推动过人类的进化，又会出现怎样的情况。然后，他们便可将其与这些事件的实际分布情况进行对比。

该团队计算出，仅凭偶然因素，预计会有 5 个物种形成事件与气候多变期重叠。而他们的发现表明出现了 8 次重叠（见图 9.1）。同样，仅凭偶然因素，预计在 7 次技术转变中，有 4 次转变会与气候多变性发生重叠；而实际上他们发现有 6 次都是如此。

然而在人类的这些重大转变当中，目前还不清楚是否确实有某一次是自然选择带来的结果。同样可能的情况是，波茨归功于自然选择的作用实际上也许是其他类型的进化，如随机遗传漂变，这就意味着气候在其中根本没有起到什么重要作用。尽管存在这些不确定性，但人类进化与气候变化之间的关联仍在不断增加。

有一项这样的证据来源于东非的图尔卡纳盆地，这里是跨越了肯尼亚和埃塞俄比亚两国的东非大裂谷的一部分，在图尔卡纳盆地曾经发现过许多至关重要的古人类化石。但究竟是人类进化史上有若干次重大事件都反复发生在图尔卡纳——也许是因为在气候特别干旱的时期，这里成了我们祖先湿润的避难所——抑或图尔卡纳盆地仅仅是个保存化石的上佳环境？

在 300 万—200 万年前，整个东非的气候都变得更加干燥——正是在这一时期，我们所属的人属首次出现。但图尔卡纳盆地开始变干的时间要更早一些，这意味着它可能曾经发挥过"物种工厂"的作用。在那里，进化而成的新物种适应了后来变得普遍的干燥环境，他们实际上"走在了潮流之先"。

气候干燥化是与人类进化过程中的许多重大事件同时发生的，包括在化

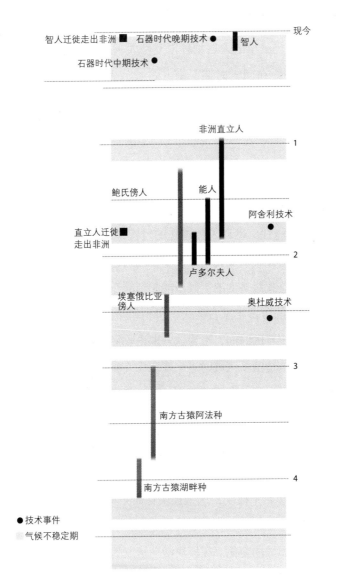

现今

智人迁徙走出非洲 ■　石器时代晚期技术 ●　　智人

石器时代中期技术 ●

非洲直立人

1

鲍氏傍人　　能人

阿舍利技术

直立人迁徙■
走出非洲

2

卢多尔夫人

埃塞俄比亚
傍人

奥杜威技术

3

南方古猿阿法种

4

南方古猿湖畔种

● 技术事件

气候不稳定期

500 万年前

图 9.1　仅凭偶然性因素无法解释气候变化与古人类进化过程中的重大
事件之间的密切关联

石记录中出现的年代最早的人属物种以及傍人——这群古人类以强健的骨骼和磨齿而闻名。大约在同一时期，南方古猿消失了。气候变化在这些事件当中起到的具体作用尚不明确，但应当曾导致当时所能获得的食物发生了改变。

# 板块构造论

这是另一种可能性。也许人类进化的过程是受地壳的移动和震颤所引导的。我们的祖先生活在不断变化的地貌中，应当也可以通过自然选择甄选出具有适应性的个体。这就跟多变的气候所能起到的作用差不多。

英国约克大学的考古学家吉奥夫·贝利和法国巴黎地球物理研究所的杰弗里·金花费了几十年的时间，来为这一理论收集证据。他们认为，我们的祖先是在居住于板块构造活跃区域时进化成现代人类的。聪明的物种会在这些扭曲变形的地貌上蓬勃发展，利用地形来捕猎，躲避捕食者和竞争对手，并建起可以据守防御的家园。最终，这一物种形成了大容量的大脑，延长了童年，并发展出了先进的工具和武器，而不那么聪明的物种就没有能力利用凹凸不平的地面来让自己占得先机。

地球表面分成了若干板块，这些板块在数千年的时间里不断地四处移动。在板块相互挤压的位置，压力有所增大，这就会引发地震和火山爆发。不过贝利和金关注的是更微妙的变化。在板块活动活跃的区域，既有地壳的褶皱和断层，又有频繁发生的地震和火山活动，因而形成了一种凌乱的地貌，山丘、幽谷和悬崖众多，其间还纵横交错着凝固的火山熔岩。

贝利认为，这样复杂的地貌对早期人类来说十分理想，他们跑得并不快，也不算特别强壮，但是他们聪明、适应性强。比如说，即使类似长矛这样的武器当时尚未被发明出来，早期的猎人也可以利用不规则的地形来猎杀大型动物，何况人类是从栖息在树上的灵长类动物进化而来的，他们应当轻易就可以转而在山丘和幽谷中四处攀爬。相比之下，在平坦开阔的平原上，他们倒会处于劣势——比如非洲大草原，在那里占据主导地位的就是诸如狮子和鬣狗这类跑得飞快的掠食者。

在板块构造活动活跃的地区，存在可靠水源的可能性也更大，因为地震可以把水困在岩石屏障之后，形成湖泊，地下水也可以通过断层上升，形成泉水。这些水源可供植物生长，也引来了动物。像悬崖和山脊这样的屏障可以让早期人类躲避捕食者，保护他们免遭闯入者的侵害，从而使他们的生活变得更安全。

这一理论如果是正确的，那我们应该就会发现早期人类会聚居在板块构造活动活跃的区域。在 2010 年的一项研究中，贝利和金将非洲各地发现人类化石的遗址所在位置与显示地表崎岖度的卫星图像进行了叠加，结果发现二者颇为契合。事实上，有 93% 的化石遗址都位于地表崎岖度处于中高水平的地区。例如，大多数经典的人类化石遗址——如奥杜威峡谷和莱托里——都是在东非大裂谷一带发现的，两个大陆板块在这一区域缓慢地分离开来。贝利和金也已在阿拉伯发现了类似的化石遗址，人类后来也曾在那里居住过。

然而，这样又留下了一个大问题。埋在地下的残骸如果位于地震易发地区，就更有可能被抛到地表上来，因此得出的结果可能具有误导性。为了解决这个问题，贝利和金与英国伯恩茅斯大学的萨莉·雷诺兹一起，把研究范围扩展到了南非，在包括塔翁和马卡潘斯盖在内的南非的遗址中都曾发现过人类遗骸。这些遗骸并不是由于板块构造活动重见天日的，而是在洞穴中发现的。他们发现，这样的洞穴虽有数百个，但其中只有一些洞穴存在遗骸，这部分遗骸所处的正是板块构造活动频繁的地区。

在 2015 年发表的另一项深入研究中，贝利、金和其他人分析了欧洲和亚洲的若干考古遗址。错综复杂的山地形成的走廊与早期人类化石的分布再次契合得颇佳。

# 超级火山

多巴是印尼苏门答腊岛上的一座超级火山。它曾经喷发过多次，但 7.4 万年前的一次喷发却有所不同。这次喷发释放出了 2500 立方千米的岩浆，几乎相当于珠穆朗玛峰体量的两倍，其规模是 1980 年美国圣海伦斯火山爆发的 5000 多倍，是过去 200 万年地球上最严重的一次火山喷发。这场灾难之所以格外重要，乃是因为它发生在人类史前史上的一个关键时期——当时尼安德特人和其他古人类已游荡在亚洲和欧洲的大部分地区，大约就是在我们的直系祖先智人第一次离开非洲以最终征服世界的时候。

自 2000 年以来，我们对这次火山喷发的看法发生了巨大的转变。之前的计算机模型显示，这是一场真正的浩劫，几乎可谓早期人类的末日。这些模型假定多巴喷出的气溶胶达到了 1991 年菲律宾皮纳图博火山喷发时的 100 倍之多，模型在此基础上进行计算，并对环境方面的影响做出了相应调整，得出的结果表明，这次火山喷发之后，全球气温下降了大约 10℃。这就证实了有关长达 10 年的"火山冬季"和大范围灾难的观点。

更糟糕的是，气溶胶还会阻隔生命所需的阳光，吸收大气中的水蒸气，导致全球气候在接下来的数年间变得更加干燥。这就造成了树木覆盖面积迅速减少，草原随之增加，使得许多哺乳动物灭绝，并几乎消灭了我们的祖先。

事实上，这一事件有可能彻底改变了我们智人这一物种的进化道路。人们仍然认为现代人类当时生活在非洲，他们的数量会因此降至仅有数千繁殖对，散布在各个分散的避难之地，从而在进化过程中产生"遗传瓶颈"。这些聚居地各不相干地单独发展，一旦这些独自居住的群体最终离开非洲，就为种族间的遗传差异播下了种子。

这一理论近年来招致了批评。剑桥大学的大气科学家汉斯·格拉夫等学者现在认为，火山爆发后的气候变化被严重高估了。他和同事们一起进行了一次新的估测，认为全球变冷了 2.5℃，时间上只持续了短短几年。根据这个模型，这种影响还具有高度的地域性。在像印度这样的地方，平均气温可能仅仅下降了 1℃ 左右——这并不能算是急剧的气候变化。

这种观点极具争议。最初的模拟计算源于新泽西州新布伦瑞克罗格斯大学的艾伦·罗伯克，他一直坚持这一说法。然而，在印度开展的考古和地质研究似乎证实了格拉夫的观点，表明超级火山喷发对环境造成的影响比人们之前的猜想要小得多。

首先，如果由于大气降温变干，果真曾经引发过突然性的森林消失事件，那么，表层土失去了树木的固定，应当就会被冲刷进山谷，并在谷中迅速沉积。然而，牛津大学的彼得·迪奇菲尔德在寻觅这样汇集而来的土壤时，却找不到它们的踪迹。

为了进一步收集证据，迪奇菲尔德分析了印度南部的加拉普拉姆地区和印度中北部的中子河谷（Middle Son）的古代植物遗迹，测量了其中不同的碳同位素的比例——不同植物吸收不同碳同位素的速度各不相同——这两个地区距多巴都有大约 2000 千米的距离。他发现，在多巴火山喷发后，碳 -13 同位素仅出现了轻微的增加，这表明当时的草原性环境只是略有增多。换言之，森林并没有被多巴彻底毁去。

不过虽然如此，生活在火山喷发时期的古人类物种无疑曾面临着严峻的生存条件。例如，火山灰形成的那层覆盖物很快就被冲进了淡水水体中：迪奇菲尔德在曾经有河水流经的谷底发现了厚达 3 米的沉积物。毫无疑问，继火山爆发后的若干年间，早期人类不得不适应更低的温度，同时由于食物来源的减少，他们很可能不得不拼命省吃俭用。但是，不能仅仅因为多巴喷发后人类生计艰难，就将其等同于一场浩劫。

迈克·佩特拉格利亚任职于德国耶拿的马克斯·普朗克人类历史科学研究所，他领导了一个研究团队，对加拉普拉姆的许多遗址进行了研究。其中一处遗址的研究工作成果卓著。该遗址被称为加拉普拉姆 22，很可能是狩猎采集者的一处扎营地。在这里已经发现了 1800 多件石器，包括石片、刮削器和尖状器——这些都是用于切割和刮削的日常工具——还有制造石器之后留下的石"芯"。

令人惊讶的是，在火山爆发之后不久，古人类的生活似乎仍以同样的方式延续了下来，因为在降落的火山灰上方还有数百件石器。该研究团队在加拉普拉姆以北 1000 千米处的中子河谷也发现了类似的情况。重申一下，这并不是说对生活在印度的古人类而言，火山爆发没什么大不了的。加拉普拉姆和中子河谷可能是特例——当生存条件变得艰难时，古人类种群在这里避难栖身。

尽管如此，对于认为多巴给生活在当时的古人类带来了一场灭顶之灾的传统观点，这些发现仍然构成了挑战。

关于多巴超级火山爆发对早期人类究竟造成了什么影响（如果确有

影响的话），争论仍在继续，但将其视为一场浩劫的观点似乎并未获得鼎力支持。

## 近亲繁殖的影响

另一个对我们的进化过程发挥了塑造作用的关键因素可能相当不吉。似乎几千年来，我们的祖先都生活在与世隔绝的小群体中，导致他们出现了严重的近亲繁殖情况。近亲繁殖可能造成了众多健康问题，而且小规模的种群有可能阻碍了复杂技术的发展。

来自马萨诸塞州波士顿哈佛医学院的大卫·赖克从尼安德特人和丹尼索瓦人的基因组测序中发现，由于种群规模小，所以这两个物种都有严重的近亲繁殖现象，而且遗传多样性水平相当低。这与之前发现的表明人口稀少的证据是一致的。据估计，在遥远的过去，人类的人口数量很可能仅有区区数千人，至多也仅有几万人。

埃里克·特林考斯来自密苏里州的圣路易斯华盛顿大学，根据他所做的研究，有化石表明近亲繁殖曾造成了损害。他所研究过的化石带有各种各样的畸形，其中有许多畸形在现代人类身上是很少见的。他认为，这样的畸形在以前比如今普遍得多。

如此稀少的人口数量可能影响到了文化和技术的发展进程。较多的人口可以掌握更多的知识，并找到对技术加以改进的方法。这种"渐增文化"是人类所独有的，但只能出现在规模颇大的种群中。知识在小规模种群中很容易失传，这就可以解释为什么像骨器加工这样的技能会在出现之后又消失。

人口稀少可能阻碍了尼安德特人和丹尼索瓦人发展渐增文化，限制了他们在文化上的复杂性。同样的原因也阻碍了我们这一物种的发展，直到人口密度达到了一个临界值，释放出了文化的力量——及至此时，就再也没有什么可以阻挡我们的了。

## 合作繁殖

还有一点对人类的进化产生了进一步的影响，那就是我们照顾他人后代的能力。正如我们所见，人类这一物种具有非同寻常的合作性，这可能正是我们赢得胜利的关键。少数研究人员曾经提出，合作是从一种行为发展而来的，即共同照顾孩子。他们声称，母亲本身以外的成年个体给予幼崽的照料、营养和保护会给一个物种带来深刻的心理变化。在人类当中，这可能为促进合作和利他主义铺平了道路，从而发展出了文化、语言和技术。

毫无疑问，与动物王国中的大多数成员相比，人类的社会化程度是相当高的。我们一般都很善于理解他人的情绪，并可以适当地调整自己的行为。我们可以很好地进行团队合作，完成高度复杂的项目，有时我们甚至会将善意推而广之，善待完全陌生的人。人们认为，这种合作能力对文化和技术的发展至关重要，是我们进化过程中具有决定性的变化之一。那么，这种能力来源于哪里呢？

黑猩猩有吝啬的倾向，但名为"狨猴"的猴子却颇为无私，与人类非常相似。卡雷尔·范·斯海克和朱迪斯·博卡尔特开始思考，这些利他的行为应当如何解释。人类和狨猴有一项相似之处似乎十分显著：二者都是"合作繁殖者"。与大多数其他灵长类动物相比，狨猴群体中的成年狨猴更愿意保护和主动喂养其他狨猴的幼崽，且往往无须给予任何激励。相比之下，黑猩猩则是独立繁殖者，很少对其他黑猩猩的家庭施以援手。甚至即便是对自己的幼崽，它们也不会表现得特别慷慨。

范·斯海克和博卡尔特现在猜测，合作繁殖的演变可能已在更普遍的范围内为更无私的利他主义铺平了道路。

# ⑩ 悬而未决的问题

　　本书中大量使用了诸如"或许""大概"和"可能"这样的词语。虽然关于人类进化的科学有大量确凿的事实证据，在形式上体现为化石、石器和DNA等，但我们对这些事实所做的解读都是我们自己的想法。简言之，我们提出各种说法是为了让解读能与这些事实相符——而对于哪些说法才是正确的，科学家们莫衷一是。作为全书的最后一章，本章列出了截至2017年夏季为止存在争议的主要领域。当各位读到本书的时候，新的观点很可能又已出现了。

# 旧话重写

及至 2000 年，一段相当完整的人类进化史话似乎已经唾手可得。多数人的观点大致如下。

距今 650 万—550 万年前，在东非某座森林里的某个地方，生活着一种与黑猩猩相似的类人猿。其后代一部分留在了森林里，最终进化成了现代黑猩猩和倭黑猩猩；但也有一部分离开了森林，迁移到了大草原上，这一部分形成了我们的古人类谱系。古人类适应了新的环境，最明显的一点是进化成用两条腿走路。大约 400 万年前，古人类中已经兴起了一个大获成功的群体，名为南方古猿。

大约 200 万年前，在这些相对而言还很近似于类人猿的南方古猿中，有一部分经历了一次重要的转变，大脑变大了、腿变长了，成为最早出现的"真正"人类。直立人便是这些早期人类之一，凭借着相对较大的大脑和较长的腿走出了非洲，成了最早走出非洲的古人类。非洲人类继续以一种明显不可阻挡的方式进化出了容量更大的大脑。在接下来的大约 100 万年间，又发生过几波迁徙潮，更多脑容量有所增大的人类随之走出了非洲。其中一波很有可能导致了尼安德特人的崛起——截止到 2000 年，人们还普遍认为尼安德特人是一个独特的进化分支，而并非当今人类的祖先。

留在非洲的古人类最终进化成了我们这个物种——智人。大约 6 万年前，智人也开始走出非洲。智人可能曾与尼安德特人相遇，二者的相遇甚至可能对尼安德特人的灭绝起到了一定作用。但是，由于 20 世纪对尼安德特人化石及 DNA 的研究表明，化石与 DNA 都没有表现出与智人相似的特征，所以这两个物种是否曾经杂交过还远远谈不上水落石出。过了短短 17 年后，2017 年，上述这些假设几乎全都遭到了质疑。我们与黑猩猩的最终共同祖先可能并不太像黑猩猩。我们与黑猩猩发生分化的时间或许比之前猜想的要早得多。古人类可能在从树上下来之前就已经变成了两足动物，而不是在此之后才用两条腿走路的。南方古猿未必如同我们曾经设想的那样，产生出了真正的人类——但出乎意料的是，它们倒是可能迁出非洲，进化成了印度尼西亚的霍比特人。脑容量小的人类显然曾与脑容量大的物种共存于世，或许甚至还曾与我们这一物种共存过。我们这个物种显然认为遇到的其他远古人类在身体上——或许在行为上也是——与自己足够相似，可以与之进行杂交。

## 我们果真是从非洲来的吗？

我们这一物种最早是在哪里进化而成的？在人类学关注的所有问题中，这个问题属于最旷日持久的争议之一。

有一个学派认为，化石证据表明，现代人类是在相对较为晚近的时期在非洲出现的。随后，这一物种散布到了旧大陆各地，取代了当时人属中较早期成员的种群，其中也包括尼安德特人。这就是所谓的"走出非洲假说"，是如今为大多数人所认可的观点。在前几章的大部分内容中，我们基本都将其当作不容置疑的观点来对待。

但还有另一个学派，认为现代人类几乎同时出现于非洲、欧洲和亚洲各地，是一个早期的人科动物物种在原地进化而来的，那个物种就是直立人，大约100万年前，直立人就已从非洲迁徙到了旧大陆的其余大部分地区，这被称为"多地起源假说"。在这一理论最明确的支持者当中，既有密歇根大学安娜堡分校的米尔福德·沃尔波夫，也有位于堪培拉的澳大利亚国立大学的艾伦·索恩，后者于 2012 年去世。

　　无论是在现代智人起源的进化模型中，还是在对化石记录的性质所做的预测中，这两种假说之间都存在着巨大的差异。

　　例如，根据"走出非洲假说"，所有的现代人类种群都起源于同一个非洲原始种群。凡是在年代更早的直立人或其他种群中曾经存在过的解剖学特征——或许是在世界不同地区进化而来的——应当都已经消失了。换言之，比方说从 100 万年前直至现代世界的这段时间，解剖学特征不会有特定的区域连续性。

　　相形之下，多地起源模型则预测，在各区域发展形成的特征会有连续性。例如，该模型认为，中国的现代人类种群是由早在 100 万年前便已进入中国的直立人种群最终进化而来的。这些原始种群随着时间的推移而进化，获得了现代人类的特征，但也保留了至少一部分原先的特征。同样的道理也适用于旧大陆其他地区的种群。

　　多年以来，争论焦点在于化石记录中是否存在区域连续性的解剖学证据。如果多地起源假说是正确的，那么，举例言之，中国的直立人化石就应该与现代中国人相似，而非洲的化石则应该与现代非洲人相似。多地起源假说的支持者声称，业已发现的情况正是如此。他们认为，中国的古代直立人化石预示出了中国现代人类种群的形态学特征，比如他们的脸相对较小、形态扁平，颧骨突出而优美。

　　然而，化石证据一直备受争议。后来，自 20 世纪 80 年代开始，遗传学也加入了战场，扭转了局势，局面变得有利于"走出非洲假说"。关键的发现在于，所有的现代人类似乎都与同一个规模极小的种群一脉相承，而该种群生活在 15 万年前的非洲。一系列的研究揭示的基本上都是这种模式，截至 21 世纪初，许多研究人员认为这个问题已经尘埃落定。

然而，类似沃尔波夫这样的多地起源论者还在继续为维护自身的立场而战。他们认为其他的化石，比如名为"爪哇姑娘"的印度尼西亚化石，介于直立人和智人之间——这似乎暗示着印度尼西亚直立人进化成了印度尼西亚智人。

沃尔波夫还试图借用人类曾与其他物种（如尼安德特人）发生过杂交这一发现。他认为，遗传学揭示出了更新世的若干人类谱系，所有这些谱系之间都可以杂交，这一点与"多地起源假说"是一致的。

不出所料，"走出非洲假说"的支持者对此不以为然。他们认为，多地起源模型的结果应当是尼安德特人逐渐变成了现代人类，但化石记录却显示并非如此。相反，化石记录显示，直到4万或3万年前，尼安德特人几乎还是老样子，然后他们就消失了。

多地起源论者并没有放弃，但大部分人都对他们的说法表示反对。

### 为什么我们变成了两足动物？

查尔斯·达尔文认为，我们的祖先最初之所以直立行走，是为了腾出双手来制造工具。但如今我们已经知道，情况绝非如此。黑猩猩也使用工具，但它们就不是两足动物。

两足行走的问题在于，行走熟练时固然有很多优点，但要获得这项技能却需要身体发生解剖学上的改变，在此期间，步伐会变得缓慢、笨拙，而且走不稳。

有一种可能是两足行走是从树上开始的。毕竟，猩猩和其他灵长类动物在进食时，在树枝间就是直立行走的。这与我们所知的最早的两足动物的生活方式相符，但却解释不了它们为什么进化出了专门的解剖学结构。

有些人认为，这种进化是为了让雄性可以获得更多的食物，这样它们就可以帮忙喂养伴侣和后代。但这种观点的前提是一夫一妻制在很久以前就已出现，而这一点并没有相关佐证。

另一种可能性是，那些能走得比其他个体更远的个体可以获得品种更为繁多的食物，这使它们活得更长，并诞育更多可存活下来的后代。此外，直立行走让它们的手可以自由地拿取东西，而且这样站得更高，它们可能也就更善于发现捕食者的踪迹。

所有这一切应当为大约 170 万年前第二阶段的进化奠定了基础，当时我们的祖先离开了森林，来到了大草原上。正是在这一时期，我们的祖先发生了解剖学上最大的变化，肩膀后展，双腿变长，并且骨盆适应了两条腿行走的生活。

至于为什么两足行走在这一时期突然取得了成功，有许多可能的原因。直立行走或许有助于个体应对开阔草地的炎热环境，既能让空气在身体周围循环，又可尽量减少直接暴露于阳光下，而且可能还增加了机动性。

## 走出亚洲假说

到了 21 世纪，"走出非洲假说"又面临着另一种挑战。此时人们争论的不是智人的起源，而是整个人属的起源，亦即我们进化过程中较早的一个阶段。

有些著名的研究人员转而认为，古人类离开非洲摇篮的年代可能比我们原先的看法要早得多，并在更靠近北边的地方经历了关键的进化转变。甚至还有人声称，我们人属可能是在欧亚大陆而不是非洲的天空下出现的。引发这种激进反思的催化剂是问题重重的霍比特小矮人，也就是弗洛勒斯人。

从一开始，霍比特人就不符合人类进化的标准图景。人们曾经认为，在印度尼西亚弗洛勒斯岛上发现的一些遗骸仅有 1.8 万年的历史，这就说明，在除了我们这一物种之外的所有古人类全都灭绝之后，霍比特人至少还生存了 1 万年。我们如今已知，这一观点现在已被证伪了（见第 5 章）。现在人们认为，这些遗骸更像是来自 5 万年前，但对这样一种脑容量很小的生物来说，这个年代仍然算是很近了。迄今发现的霍比特人头骨的脑容量约为 420 立方厘米，大概相当于现代人脑容量的 1/3。然而，与霍比特人的骨骼一同发现的石器表明，这种古人类有能力做出复杂的行为。

霍比特人骨骼中有大量的原始特征，以至于其发现者开始严肃地讨论一个问题：弗洛勒斯人是由比直立人更原始的生物衍生出来的（见第 5 章）。在有可能是霍比特人近代祖先的生物当中，南方古猿的排名非常靠前。

这种想法极具挑战性。传统观点认为，南方古猿是大约 400 万年前在非洲进化而成的，经过 280 万年后在当地灭绝，自始至终从未离开过非洲。也许是因为南方古猿长着一双短腿，不愿长途跋涉走出非洲。当然，直到南方古猿时代末期，等到我们人属中身材较高的成员出现以后，古人类才开始探索更广阔的世界。

而霍比特人的遗骸暗示着还有另一种可能。也许在人属进化形成之前，确实有南方古猿设法逃离了非洲，也许还在欧亚大陆存活了很长时间，足以使其进化成霍比特人。如果确实如此的话，那么时至今日，关于这些古代的欧亚南方古猿，或许我们应该已经发现了相关的化石证据。然而，东非和南非的环境条件有利于保存人类化石，亚洲各地的条件则不然。

尽管如此，在欧亚大陆上，仍有一处遗址可能与类似南方古猿的古人类曾经走出非洲的说法相符。还有迹象表明，这些神秘的欧亚南方古猿不仅进化成了在弗洛勒斯岛上发现的霍比特人，而且可能进化成了我们人属。

1991年，在对高加索地区格鲁吉亚的中世纪小镇德马尼西进行挖掘时，研究人员偶然出土了迄今为止在非洲以外发现的年代最早的古人类遗骸。关于177万年前的德马尼西古人类在人类进化树上的具体位置仍然存在一定争议，但大多数人都将其归类为直立人。他们所处的年代和具有的原始特征表明，他们是这个物种中最先出现的成员之一，也就是说，直立人在最早约187万年前首次出现于东非地区后，几乎没有浪费多少时间便又离开了那里。传统观点认为，这是古人类首次大胆地走出非洲，德马尼西提供了一幅独特的简图，记录下了人类走向全球的那一刻。

随后，2011年，从德马尼西又传来了令人惊讶的消息，这让人们对之前的说法产生了疑问。后续挖掘发现的证据表明，这处格鲁吉亚遗址最早有人居住的时间至少是在185万年前——这与直立人在东非出现的时间基本相同。在某些人看来，这就表明直立人可能是从欧亚大陆进化而来的。若是如此，那么德马尼西的化石就并非古人类首次走出非洲、向北方迁徙的简图，而是表明直立人正在向南迁徙、进入其祖先居住过的土地。

从更宽泛的意义上来说，关于德马尼西居住年代的新说法意味着直立人可能是由南方古猿进化而来的，他们在大约200万年前或更早的时候就离开了非洲。这一点有着至关重要的意义，因为直立人往往被视为我们这一物种的直系祖先。因此，如果直立人是在欧亚大陆进化形成的，然后才迁移到了非洲，于35万—20万年前在非洲进化出了我们这一物种，那么就可以说，非洲和欧亚大陆这两个地方都算现代人类的发源地（见图10.1）。

有一点应该强调一下：来自弗洛勒斯和德马尼西的证据只能说是与这些

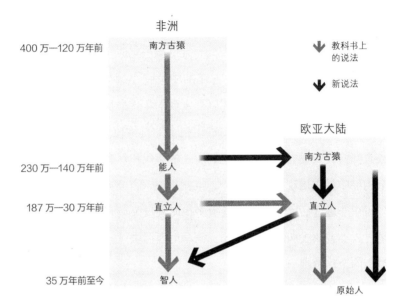

**图 10.1** 我们过去认为，我们人属是在非洲进化形成的，但近期以来的发现表明，我们的祖先可能绕道去了欧亚大陆

激进的新观点相一致，而谈不上是这些观点的有力论据。来自欧亚大陆的化石证据依然贫乏，因此，没有确凿的证据表明南方古猿迁徙出了非洲。

### 为什么技术的发展如此缓慢？

20 世纪 90 年代，人们在埃塞俄比亚阿法尔地区一处干涸的河床上发现了锋利的石片，这是迄今为止发现的最古老的工具，其年代可以追溯到 260 万年前——不过有间接证据表明，工具的使用在 340 万年前就开始了。无论如何，至少还要再过 100 万年，我们的祖先才会取得下一个技术突破。

后来有人发觉，除了把河中鹅卵石的碎片用作石叶和刮削器之外，还可以将鹅卵石本身加工成一种工具，即粗糙的手斧。又过了 100 万年，早期的现代人类才完善了这项技术。怎么会经过了这么长时间呢?

其中必定有智力的原因。在最早的工具出现后的 200 万年间,古人类的大脑体积增加了一倍还多,达到了 900 立方厘米左右。因此,尽管工具本身似乎没有取得太大的发展,但认知方面的巨大进步却为制造工具巩固了基础。

来自伦敦自然历史博物馆的克里斯·斯特林格在其 2011 年出版的著作《人类物种起源》中,指出了另一个原因——人口统计学。现代人类的种群规模庞大,复制的人数众多,传递信息的途径也很丰富。我们的寿命很长,这也使思想得以代代相传;而直立人和海德堡人的寿命很可能仅有 30 岁左右,尼安德特人或许能活到 40 岁。他们必须快速长大,不同群体之间的交流也比我们少得多。

此外,我们的祖先可能已经避免了改变,因为即便不去冒险进行实验,生活本身也已经够有挑战性的了。英国雷丁大学的马克·佩格尔在 2011 年出版的《文化生成》一书中认为,智人之前的古人类即便愿意进行创新和思想交流,也并不具备这样做的能力。他援引了人类与黑猩猩的一项对比,黑猩猩可以制造出粗陋的石器,但却缺乏技术进步。它们大多是通过反复试验和犯错来学习的,而我们则是通过相互观察来学习的,而且一旦出现了某种值得复制的东西,我们就会了然于心。如果佩格尔的观点是正确的,那么,社会学习就是点燃技术革命的火花(参见第 8 章)。

## 重绘我们的谱系图

在 250 万—180 万年前的这段关键时期,也就是大脑相对较大、直立行走的类人猿最早进化形成的时期,似乎有同样多的类人猿物种存在。更重要的是，长久以来，世人都将东非古人类视为我们的直系祖先，但他们可能只是我们的表亲，而我们真正的起源却另有出处。我们的谱系图可能不得不彻底加以重绘。

人类起源史曾经看似十分简单明确。1960 年，在坦桑尼亚的奥杜威峡谷发现的一种古人类，很好地解释了南方古猿是如何发展为人属的。这些遗骸的残片属于一个物种，其大脑大约比南方古猿的平均水平要大上 50%，但却仅有我们大脑的一半大小。这种古人类最早出现在大约 230 万年前，当时大多数南方古猿正在消失，而直立人又还没有进化出来。它们所生活的东非地区以前曾是脑容量小的南方古猿的家园，后来又是直立人的居住地。

这种古人类的发现者决定将其列为人属中最早出现的成员，并命名为"能人"。其后 50 年间，能人在人类起源史话中一直居于中心地位。这种古人类恰好在正确的时间出现在了正确的地点，正适合作为我们的直系祖先。

在这个时间出现在这个地点的古人类并非只有这一种。在发现能人之前，人们已经发现过另一种南方古猿，现在被称为鲍氏傍人。然而，鲍氏傍人具有一些不同寻常的特征，几乎与大猩猩差不多，而且很明显是一个旁支，而不是人类的直系祖先。然后，发现的证据显示的似乎是一幅简单的图景，但也有人认为实际情况更为复杂。

1972 年，一个研究团队在肯尼亚北部的库比福拉地区开展工作，他们发现了一块头骨，出自能人尚在的年代，与任何已知的能人标本相比，它的大脑要略大一些，面部宽阔得多，也扁平得多。一位研究人员称为"卢多尔夫人"。但是，发现该头骨的研究团队成员之一的米芙·利基——任职于肯尼亚内罗毕的图尔卡纳盆地研究所，更乐意使用标本编号。这块头骨的编号是 KNM-ER 1470，或者简称为"1470 号"。

在将近 40 年的时间里，1470 号头骨一直是个异数。这种情况在 2007 年发生了改变，当时，利基和她的同事们在同一地区开始发现类似的化石。2012 年，这些发现被公之于众，其中包括一块新的头骨碎片，具有 1470 号头骨的扁平面部特征。这个新发现的碎片属于一个未成年个体，而非成年个体。这表明，1470 号头骨并不是什么异常现象，而是属于一个不同的物种，该物种在出生时和长大后都长着一张扁平的脸。虽然在某些方面而言，这样的扁平面部与我们的面部很相似，但似乎又太宽阔了些，所以这个物种不可能属于我们的直系祖先之列。

再加上能人和鲍氏傍人，也就是说，在 200 万年前的东非，至少生活着 3 个古人类物种。或者还不止？来自库比福拉的一块头骨碎片可以追溯到 200 万年前，与直立人具有显著的相似性，让人不禁又想到另一种可能，即这块头骨的主人生活在东非，与能人以及 1470 号头骨谱系处于同一时期。

有 4 个古人类物种生活在同一时期，这种情况已属罕见。然而，华盛顿特区乔治·华盛顿大学的伯纳德·伍德认为，在库比福拉发现的遗骸当中有一块单独的颌骨，表明另外还有一种古人类存在。

这样一来，在我们人属刚刚立足之时，东非可能曾有 5 个古人类物种同时居住于此。他们彼此之间的关系目前还远远没有厘清，但能人仍然看似是可能性最大的人类直系祖先，直到人们在库比福拉和奥杜威峡谷以南几千千米处又取得了一个意想不到的发现。那就是李·伯杰于 2010 年在南非发现的南方古猿源泉种（见图 10.2，参见第 3 章）。

连同东非古人类一并计算在内，这就相当于 200 万年前，在非洲生活着多达 6 个物种——在古人类 700 万年的进化历程中，如此之高的多样性水平实属前所未有。南方古猿源泉种可以说是这 6 个物种当中最令人惊诧的。

→重点关系　　⋯⋯▶可能关系

一种观点认为，我们的谱系图相当简单

另一些人则认为还有许多不同物种，使谱系图变得更为复杂

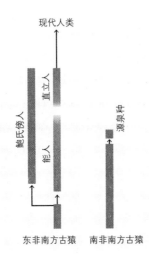

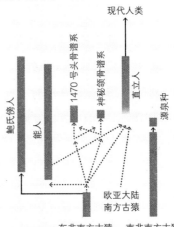

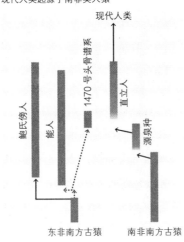

图 10.2　根据迄今为止发现的化石，我们关于自身谱系图至少有 3 种相互矛盾的看法

在某些方面（如大脑的大小），源泉种与其他南方古猿很相似。但之所以说它是一种奇怪的类人猿，是因为源泉种在其他方面又接近于人类。伯杰越是深入研究这些骸骨，就越是确信源泉种乃是人类祖先当中的一个关键物种。他认为，由于源泉种所具有的那些特征——包括与人类相似的较小牙齿和逐渐变细的腰部——它们应当归入产生了直立人的那个谱系中。

但是批评者们很快便指出，源泉种与能人截然不同：它是一种脑容量很小的南方古猿，生活在200万年前的非洲南部，这比脑容量较大的能人首次出现在东非的时间晚了整整30万年。他们说，南方古猿源泉种在错误的时间出现在了错误的地点，不适合作为人类的直系祖先。人们认为，它出现的年代太晚，所以人属不可能是由它产生的。

面对这样的批评，伯杰给出了一个简单的答案：作为我们人属当中最早出现的成员，能人并非我们的直系祖先之一。它的大脑相对较大，且与人类相似，这会给我们留下它是人类直系祖先的印象，但外表可能具有欺骗性。在伯杰看来，源泉种比能人更适合作为直立人的起源。它的手、齿列和我们所见的颅骨形态（脑容量除外）都更接近于直立人。

截至2017年，关于我们的直系祖先究竟是能人还是类似源泉种的南方古猿，人们尚未达成一致意见。

### 其他古人类还活着吗？

千百年来，关于大脚怪和雪人等与人类相似的生物的传说一直让人着迷。这些固然可以用作编撰好故事的素材，但其中是否会有真实的成分呢？

似乎不大可能。杰夫·洛奇尔任职于塔斯卡卢萨的阿拉巴马大学，在2009年的一项研究中，他对大脚怪（又名"大脚野人"）的所有目击位置进行了研究。他发现这些大脚怪"出没地"与黑熊出没的地点完全一致，说明有可能只是目击者认错了。同样，来自加拿大埃德蒙顿的阿尔伯塔大学的大卫·科特曼曾经分析过一簇所谓大脚怪的毛发，发现其实是一头野牛的毛。当然，在偏远地区偶尔会发现灵长类动物的新物种，所以新物种的存在仍有微小的可能性。

尽管如此，还是有少数科学家愿意考虑这样一种观点：智人并不是唯一幸存的物种。毕竟，在人类历史上的大部分时间里，其他古人类人种确实曾与我们的祖先共存。就像 2003 年发现体型很小的霍比特人时一样，我们的谱系图仍然可能会让我们大吃一惊。

此时尚无确凿的证据表明现今还有其他古人类物种存在，而且很可能根本就不存在。不过完全不考虑这种可能性则殊为不智。

## 我们还在进化吗？

有许多生物学家都相信，在距今 10 万—5 万年前，人类在生物学上的重大进化就已停止了，当时还没有发生种族分化，因为这样一来，便可确保不同的种族和民族群体在生物学上具有平等的地位。但最近的发现表明，我们必须扬弃人类在 5 万年前或更早的时候就已经突然中止进化的观点。我们完全有理由相信，进化目前仍在继续。

以 2005 年芝加哥大学的布鲁斯·莱恩的发现为例：有两个与大脑发育有关的基因是在人类的近代史上才出现的，并且迅速在人群中传播开来。其中一种基因是小头畸形基因的一个版本，起源于距今 6 万至 1.4 万年前，现在有 70% 的人都携带着这种基因。另一种则是 ASPM 基因的变体，距今已有 500 年到 1.4 万年的历史，目前全球约有 1/4 的人携带着这种基因。

有关人类进化仍在进行的发现引出了许多问题，其中某些问题令人感到不安。如果各个种族群体在生物学意义上其实并不平等，那该怎么办？鉴于我们若要维持生存，对基因的依赖往往小于对技术的依赖，那自然选择在人类身上仍是一种驱动因素吗？基因组的改变在多大程度上会导致我们重视的那些属性（比如智力）的改变？再过 1000 年以后，我们的物种会呈现出怎样的面目？当代人类进化问题堪称一片雷区，布满了种种危险。

从最宽泛的意义上来说，所谓"进化"只是一个物种的基因库——即同一时间所有存活个体的所有基因——随着时间的推移而发生的变化。就这个意义而言，所有的物种都在进化之中，即使是那些通过克隆来进行繁殖的物种也是如此，这既是因为随着时间的推移，DNA 不可避免地会经由随机突变而发生变化，也是因为一个物种中的某些个体会比其他个体拥有更多的后代。但是，是否仍有选择压力在起作用呢？比如，长颈鹿需要够到高树上的叶子，这就促使它们进化出了更长的脖子。

伦敦大学学院的遗传学家史蒂夫·琼斯认为，自然选择对人类已经不再重要了。他指出，自然选择发挥作用的原理是确保拥有最适应当前环境的基因的个体最有可能生存和繁殖。但在发达国家，可以说生存已经不再取决于基因。如今几乎所有的婴儿都能活到成年，而在过去的几个世纪里，仅有半数婴儿能顺利长大。

而且，生育方面的竞争环境也比以前更公平：在中世纪，少数富人可以生下许多孩子，而多数穷人则不行。根据琼斯的计算，与我们的祖先靠当小农生活的年代相比，如今生存和繁殖率的变化导致自然选择发挥作用的机会已经下降了大约 70%。

然而，这并不是说自然选择的作用就完全归零了。显然，基因仍然可以对生存和繁殖产生影响。一个明显的例子就是某些基因赋予了我们对新型疾病的抵抗力。例如，在非洲的部分地区，一种名为 CCR5-Δ32 的基因出现的频率有所增加，这种基因可以在一定程度上防止人们感染 HIV-1。还有一些更令人费解的例子。在过去的几千年间，多巴胺受体基因 DRD4 的一种形式变得更加普遍。该基因的增长速度表明它在自然选择中属于适者，不过原因尚不清楚，该变体与注意缺陷多动障碍有关。

事实上，2006 年发表的一项研究辨别出了在过去的 1 万年间被自然选择筛选出来的某些人类基因：不只是一两个基因，而是有 700 多个。可见，自然选择仍然在发挥作用，有些进化生物学家认为这不足为奇。他们指出，我们生活在一个技术快速进步的时代，因此环境也在发生飞速的变化，而这正是自然选择理应发挥作用的条件。过去，技术变革显然推动了自然选择。例如，奶牛饲养业的诞生就筛选出了一种基因，它使成年人具备了消化乳糖的能力。那现在为何就不行呢？

一些专家认为，技术变革未必就会推动自然选择。他们表示，当文化出现以后，人们可以通过非遗传的手段来适应变化，比如掌握更多的技术，或是以文化方式传承某些行为上的改变。尽管这种说法在很多方面都是正确的，但这未必就意味着进化已经停止。技术和医学几乎让每个人都可以有孩子，这可能会阻止不合格的基因从基因库中被清除，从而导致"反向进化"。宽松的选择加上高突变率，有可能会导致许多功能逐渐退化，尤其是抵御疾病的功能。

按照加州大学圣地亚哥分校的克里斯托弗·威尔斯的说法，文化本身也可能会通过某些合理的方式来推动自然选择。在其 1993 年的著作《脱离控制的大脑》中，他认为，过去我们的文化和基因之间就存在着积极的反馈，如今依然如故，这样的反馈引发了人类最富特色的属性——头脑的快速进化。当我们的祖先拥有了相对发达的大脑，可以通过智慧而非身体素质获得成功时，这种进化就开始了。莱恩关于大脑到了近代仍在进化的发现之所以会引起如此轰动，这便是其中一个原因。

然而，导致某个基因变得更加普遍的原因并非仅有自然选择这一种，其驱动力也有可能源于性选择。来自阿尔伯克基新墨西哥大学的杰弗里·米勒，是这一观点最著名的支持者之一，著有《求偶思维》一书。他认为，人类的进化速度正在加快，其驱动力来自对具有性吸引力的特征的选择。我们这一物种正在经历高水平的迁徙、远系繁殖和跨种族交配，他认为，这些正以前所未有的速度对我们的基因加以重组。

等到将来，为人父母者可能会试图去除他们个人认为不受欢迎的特征，至于这将对人类基因库产生怎样的影响我们是无法预测的。随着人类与技术融合成为赛博格体，生物进化变成过时的老古董，我们的基因上也可能会增添某些光彩夺目的高科技附加物。

最后，如果我们移居其他星球，为了适应面对的新环境，移居者以及他们携带的动植物将会发生戏剧性的进化性改变。假设不与地球上的人类进行杂交，那么移居者们甚至有可能变成一个单独的物种。

总而言之，我们难免得出这样的结论：人类仍在进化，而且进化速度很可能相当迅疾。无论我们最终会走向何方，有一点似乎是很明显的——人类进化的故事才刚刚开始。

# 结语

关于人类进化的故事，最重要的一点在于我们尚未将其梳理清楚。我们曾经以为我们已经把这个故事写清楚了：截至 20 世纪 90 年代末，人类学家们已经开始统一说辞。可是，自从 2000 年以来取得的一系列新发现——不仅来自化石，也来自 DNA 证据——却让人类进化史重新变得扑朔迷离起来。

要说清所有新出现的拼图块会如何拼凑成图还为时尚早。不过，在此我们可以做一个有趣的推测：假设将古人类学的历史逆转过来，又会怎样？换言之，假设纳莱迪人和南方古猿源泉种这两个最近才被发现的物种早在几十年前就被发现了，而直立人和尼安德特人等"经典"物种直到最近 10 年才出现于世，又会怎样呢？

假如过去这几十年间，我们所能研究的对象唯有纳莱迪人和源泉种，那么，我们关于人类进化的观点可能就会大不相同。我们肯定会假设我们这一物种起源于非洲南部，而不是人们长期以来认为的东非。面对像直立人这样"新奇"的发现，我们应当会觉得完全莫名其妙。

我们似乎基本上可以肯定，还有更多的物种有待发现，也许数量还不少。关于我们这个物种的各项特征是如何出现的，又是何时出现的，DNA 还会继续向我们透露更多的信息。人类进化图景始终会不断变化。与科学的某些分支不同，关于人类进化的核心信息目前还谈不上水落石出。

# 50 个想法

关于应当如何更加深入地探讨人类进化这一主题，本节列出了如下设想。

# 参观十大去处

1. **西班牙，阿塔普埃尔卡山脉**。这处考古遗址被联合国教科文组织列为世界遗产地，因有大量的海德堡人遗骸而闻名于世。详见：www.atapuerca.org

2. **格鲁吉亚，德马尼西博物馆保护区**。在这处遗址出土了一些非洲以外年代最早的古人类遗骸。该博物馆为季节性开放。详情请访问：museum.ge/index.php?lang_id=ENG&sec_id=51

3. **肯尼亚，图尔卡纳湖**。这处遗址拥有丰富的古人类化石，包括3个国家公园：希比罗依、南岛和中央岛。考古遗址位于希比罗依。更多信息请访问：www.kws.go.ke/national-parks

4. **南非，人类摇篮遗址**。这里有一系列庞大的石灰岩洞穴，在此已经发现了许多至关重要的化石，包括南方古猿源泉种的第一批标本。该遗址建有一座名为"马洛蓬"的游客中心及展览馆。更多信息请访问：www.maropeng.co.za

5. **德国，尼安德特人博物馆**。正是在该博物馆所处的这片地区，人们最早根据化石鉴定出了尼安德特人，博物馆重述了人类的史话。参观信息见：www.neanderthal.de

6. **美国华盛顿特区，史密森国家自然历史博物馆**。馆内的人类起源厅中包含了丰富的信息。详情请访问：naturalhistory.si.edu

7. **中国，周口店洞穴**。考古学家们在这处遗址发现了著名的北京人化石，遗憾的是，在第二次世界大战期间，这些化石全都不知去向了。遗址上建有一座博物馆。详见：www.china.org.cn/english/MATERIAL/31256.htm

8. **坦桑尼亚，恩戈罗恩戈罗保护区**。这处世界遗产地既包括奥杜拜峡谷（Oldupai Gorge，旧称"奥杜威峡谷"，有许多古人类化石都是在峡谷中发现

的 )，也包括莱托里著名的保存完好的南方古猿足迹。更多信息请访问：www.
ngorongorocrater.org

9. **荷兰，自然生物多样性中心**。这座博物馆里收藏了许多至关重要的化石，包括一些最早的直立人化石。详情请访问：www.naturalis.nl

10. **美国新墨西哥州，布莱克沃特德罗国家历史地标及博物馆**。这座博物馆与最早的克洛维斯人的发掘遗址相距不远，人们声称，该遗址揭示了古人类最初是如何移居美洲的。详见：www.bwdarchaeology.com

# 10 本书

1. 在我们身边众多会奔跑、飞翔、挖洞和遨游的动物中，唯有人类不受环境的束缚。——雅可布·布洛诺夫斯基，《人类的攀升》（*The Ascent of Man*，1973 年）

2. 如果解放双手和双臂、依靠双脚稳稳地站立对人类有利的话——从人类在生命之战中取得的杰出战果来看，这一点毋庸置疑——那么，我看不出有什么理由认为对人类的祖先而言，逐渐趋于直立或两足行走毫无裨益。——查尔斯·达尔文，《物种起源》

3. 研究古人类学很像是在玩拼图游戏，玩的时候并不知道拼好以后的图案是什么样的。——威廉·H. 卡尔文，《四季皆宜的大脑：人类进化与气候突变》（*A Brain for all Seasons: Human Evolution and Abrupt Climate Change*，2002 年）

4. 有人随口说了那么一句："你干吗不管她叫露西呢？"结果到第二天早餐之前，团队里的每个人都一门心思这么叫了。人们在问："我们什么时候再去露西的遗址？""你认为露西死的时候多大岁数？"她立刻就变成了一个人。——唐纳德·约翰森，2014 年，这位"露西"化石的发现者接受《科学美国人》杂志的采访

5. 我有时会试着去想象，假如我们先了解的是倭黑猩猩，然后才了解到黑猩猩，或者根本就不了解黑猩猩，情况又会怎样。这样一来，关于人类进化的讨论或许就不会像这样围绕着暴力、战争和男性统治来展开了，而是会围绕着性、同理心、关怀和合作来展开。——弗朗斯·德·瓦尔，《我们内心的猿性：人性最好和最坏的一面》（*Our Inner Ape: The Best and Worst of Human Nature*，2005 年）

6. 作为一种有点乖戾的存在，关于我们的情况，一座孤岛上的一群体型矮小、不同寻常的古人类到底能告诉我们些什么呢？你基本上可以说，那又怎样？——理查德·利基，2009 年，《新科学家》杂志就"霍比特人"（即弗洛勒斯人）的话题采访了这位人类学家

7. 尽管历经沧桑，我们可能仍会因为人类得以生存而心怀敬畏。我们可能会惊叹于祖先的聪明才智和适应能力，但我们必须记住……就像你我一样，他们也不过是人。——爱丽丝·罗伯茨，《奇妙的人类旅程》（*The Incredible Human Journey*，2010 年）

8. 在法国西南部的拉斯科洞穴里，那些与真牛真马一样大小的彩绘牛马具有令人难以抵挡的力量，凡是亲身见识过的人都会立刻明白，这些图画的创造者在思想意识上必定也与在骨骼构造上一样现代。——贾雷德·戴蒙德，《枪炮、病菌与钢铁》（*Guns, Germs and Steel*，1997 年）

9. 信不信由你——我知道大多数人都不信——在我们这个物种的存在史上，现今我们生活的这个年代可能是最和平的。——史蒂芬·平克，《人性中的善良天使》（*The Better Angels of Our Nature*，2011 年）

10. 如果我将人类视为上帝的最终形象，那我不知应当如何看待上帝。但是，当我想到在相对于地球历史而言算是相当晚近的时期，我们的祖先还只是普普通通的猿类，与黑猩猩有着亲近的血缘，那我就看到了一线希望。我们并不需要十分乐观的心态就可以设想得到，经由我们人类，可能还会进化出更优秀、更高级的存在。——康拉德·洛伦茨，《论攻击》（*On Aggression*，1963 年）

# 10 个值得思考的问题

1. 在各古人类物种中，为什么只有我们这一个物种存续至今？

2. 尼安德特人有宗教信仰吗？

3. 为什么石器时代的人会在岩壁上作画？

4. 为什么我们所有的体毛几乎全都消失了？

5. 你会跟尼安德特人交往吗？直立人呢？

6. 作为一个物种，我们果真有什么独特之处吗？

7. 我们的祖先为什么会变成农民和城市居民？

8. 南方古猿露西会说话吗？

9. 如果一个尼安德特人穿上人类的衣服出去散步，街上的人会发觉有异吗？

10. 还剩下多少古人类物种有待我们去发现？

# 20 项关键发现

1. **1829 年**：在位于今比利时的一个洞穴里发现了人类头骨的碎片。"英格斯 2 号（Engis 2）"头骨是迄今为止发现的年代最早的古人类化石。现在已知其属于一个尼安德特人。

2. **1856 年**：第一块被确认为尼安德特人的化石——"尼安德特 1 号"——在德国的尼安德谷被世人发现。

3. **1891 年**：欧仁·杜布瓦在爪哇岛上发现了最早的直立人，他称之为"爪哇人"。

4. **1907 年**：第一具海德堡人遗骸在德国的一个沙坑里被人发现。

5. **1909 年**：一个淘金者发现了一具灵长类动物化石，该化石后来被称为"原康修尔猿"，可追溯到约 2400 万年前。

6. **1924 年**：在南非发现了南方古猿的第一块化石——塔翁儿童，次年由雷蒙德·达特对其做了描绘。

7. **1959 年**：玛丽·利基发现了一个头盖骨，称为"胡桃夹子人"。经过长时间的争论之后，最后确定其属于鲍氏傍人。

8. **1960 年**：乔纳森和玛丽·利基发现了"约翰尼的孩子"，这是能人的模式标本。

9. **1964 年**：挖掘工作在西班牙的阿塔普埃尔卡山脉开始，这里是白骨之坑的所在地。

10. **1971 年**：在肯尼亚的图尔卡纳湖，理查德·利基发现了一块下颌骨，经他鉴别，判定其属匠人所有。

11. **1974 年**：唐纳德·约翰森及其同事们在埃塞俄比亚发现了生活在 320

万年前的南方古猿阿法种露西。

12. 1984 年：卡莫亚·基穆发现"图尔卡纳男孩"，这是迄今为止发现的最完整的古人类骨骸，被认为是直立人。

13. 1994 年：蒂姆·怀特描绘了在埃塞俄比亚发现的拉密达地猿。

14. 2000 年：布里吉特·塞努特在肯尼亚发现土根原初人，这是已知年代最早的古人类之一。

15. 2001 年：一支考古学家组成的团队在乍得发现了另一种古人类——乍得沙赫人。

16. 2003 年：弗洛勒斯人在印度尼西亚的弗洛勒斯岛上被人发现。由于他身材矮小，所以获得了"霍比特人"的绰号。

17. 2008 年：李·伯杰的儿子在南非发现了第一具南方古猿源泉种化石。

18. 2010 年：斯万特·帕博宣布发现丹尼索瓦人，这是通过对在西伯利亚的丹尼索瓦洞穴中发现的一根指骨进行基因分析而确定的。

19. 2013 年：两名洞穴探险者在南非的新星洞穴系统中发现了纳莱迪人的化石。该物种后来由李·伯杰进行描绘。

20. 2017 年：人们在摩洛哥发现已知最古老的智人化石，已有 35 万年的历史。

# 名词表

**阿喀琉斯基猴**　5500 万年前生活在亚洲的一种早期灵长类动物。

**卡达巴地猿**　地猿属中一个年代较早的物种，生活在距今 560 万年前。

**拉密达地猿**　440 万年前生活在非洲的一种古人类，可能是用两足行走的。"阿尔迪"化石即属于这一物种。

**南方古猿阿法种**　生活在 300 万年前的一种两足行走的古人类。著名的"露西"化石即属于这一物种。

**南方古猿非洲种**　最早发现的南方古猿。

**南方古猿源泉种**　在南非的一个洞穴中发现的一种两足行走的古人类，生活在距今 200 万年前。

**倭黑猩猩**　一种与黑猩猩血缘很近的大型类人猿，但生活方式更和平，合作性更强。

**黑猩猩**　一种大型类人猿，与人类的亲缘关系最近。

**丹尼索瓦人**　一个生活在亚洲的古人类物种，对他们的了解仅仅来源于从中提取了 DNA 的化石遗骸碎片。

**进化**　物种逐渐发生变化并形成新物种的过程。

**基因**　遗传信息单位，由所有活体细胞内的 DNA 分子所携带。

**人科动物**　这一分类群中的所有成员，包括人类、大型类人猿（黑猩猩、倭黑猩猩、大猩猩和猩猩）以及我们业已灭绝的类似于人的亲戚（南方古猿、尼安德特人等）。

**古人类** 这一较小分类群中的所有成员，包括现代人类以及我们业已灭绝的类似于人的亲戚，但不包括大型类人猿。所有的古人类都属于人科动物，但并非所有的人科动物都算是古人类。近年来，"古人类"和"人科动物"这两个词的含义发生了变化，年代较早的文本可能会有不同的定义。

**直立人** 一种两足行走的古人类，生活在大约 180 万年前——这是已经确认离开了非洲的年代最早的古人类。

**匠人** 年代最早的人属成员之一，早于直立人。根据一些人的解释，匠人只是直立人的一个变种。

**弗洛勒斯人** 体型异常矮小的古人类物种，仅见于印度尼西亚的弗洛勒斯岛；又称"霍比特人"。

**能人** 可能是最早的人属物种。

**海德堡人** 一种分布广泛的古人类，被视为直立人等早期人属的后代，可能是后来出现的尼安德特人和丹尼索瓦人的祖先。

**纳莱迪人** 这种古人类仅在南非的一个洞穴中发现过，尽管外表很原始，却直到 23.6 万年前才灭绝。

**尼安德特人** 一个古人类物种，曾在欧洲和亚洲游荡，直到大约 4 万年前才不见了踪影。

**智人** 即我们所属的这一物种，又称"解剖学意义上的现代人类"。

**肯尼亚平脸人** 生活在东非的一种古人类，显然与几个南方古猿物种生活在同一时期。

**突变** 基因或其他遗传物质的变化，可以被生物的后代所遗传，从而导致进化性改变。

**土根原初人**　生活在大约 600 万年前,是一种与类人猿相似的早期古人类。

**鲍氏傍人**　一种两足行走的古人类，生活在大约 300 万年前，与南方古猿处于同一时期。

**乍得沙赫人**　一种相当古老的古人类，可以追溯到 700 万年前，可能接近于古人类和黑猩猩的谱系发生分化的时期。